U0267064

李 毓 佩 数 学 科 普 文 集

Collections of Li YuPei's Works on Popular Science in the Field of Mathematics

李毓佩●著

X探长和π司令

長江出版傳媒 Changjiang Publishing & Media
湖北科学技术出版社 HUBEI SCIENCE & TECHNOLOGY PRESS

图书在版编目（CIP）数据

X探长和π司令 / 李毓佩著. -- 武汉 : 湖北科学技术出版社, 2019.1
（李毓佩数学科普文集）
ISBN 978-7-5706-0382-4

Ⅰ. ①X… Ⅱ. ①李… Ⅲ. ①数学－青少年读物 Ⅳ. ①O1-49

中国版本图书馆CIP数据核字(2018)第143541号

X探长和π司令
X TANZHANG HE π SILING

选题策划：何　龙　何少华
执行策划：彭永东　罗　萍
责任编辑：万冰怡　　封面设计：喻　杨

出版发行：湖北科学技术出版社　　电话：027－87679468
地　　址：武汉市雄楚大街268号　　邮编：430070
（湖北出版文化城B座13－14层）
网　　址：http://www.hbstp.com.cn

印　　刷：武汉市金港彩印有限公司　　邮编：430023

710×1000　1/16　　15.5印张　　4插页　　198千字
2019年1月第1版　　2019年1月第1次印刷
定价：56.00元

目录

< CONTENTS >

1. X探长出山

偷霹雳火箭炮的人在哪里

天刚蒙蒙亮，和平城警车的尖叫声，把居民们从梦中惊醒了。

“出什么事啦?”人们惊讶地互相打听着。

警车上的高音喇叭响了：“全体居民注意，现在播送驻军司令小胡子将军的通令：昨夜有人将新研制的霹雳火箭炮偷走了，请大家帮助缉拿盗窃犯，隐匿不报者，以间谍罪论处……”

“啊！把最先进的霹雳火箭炮丢了!”“霹雳火箭炮是小胡子将军最心爱的武器，被人偷走了，小胡子将军还不急死!”大家议论纷纷。

在驻军司令部里，小胡子将军正在召开紧急会议，商讨如何捉拿盗窃犯。出席会议的有大头参谋长、警察局的眼镜局长、炮兵团长和财政局长等。大家表情严肃，会议气氛紧张。

大头参谋长首先建议：“封锁和平城周围的各条道路，不让偷武器

x+5
x-5
x

的人把武器运出城去。”

“对！”小胡子将军立即下达戒严令，要求封锁道路，加强巡逻。随后又对眼镜局长说，“你把侦察情况向大家介绍一下。”

眼镜局长用手扶了一下眼镜，含含糊糊地说：“我去军火库看了一下，什么可疑的线索也没发现。”

大嗓门炮兵团长放大了嗓门嚷道：“和平城发生什么案子他也破不了，眼镜局长是不称职的，我建议撤掉他警察局长的职务。”

大头参谋长不同意，他说：“也不能都怪眼镜局长，我看是缺少一位有能力的大侦探。”

炮兵团长说：“你是说要有一位像福尔摩斯那样的大侦探？上哪儿去找呀？”

“我倒认识一位。”眼镜局长说，“此人是当今最有能力的侦探，他的破案率几乎达到百分之百。”

“嘿！真了不起。”在座的人都十分惊奇。

小胡子将军问道：“他破案率怎么这么高？”

“因为他采用了一种特殊的破案方法。”

“什么方法？”大家异口同声地问。

“计算。”

“计算？他叫什么名字？”

“叫什么名字，我不清楚，人们都称他是X探长。他的职业是侦探，爱好是数学。”

小胡子将军感到此人十分理想，立刻派眼镜局长乘专机去请X探长来帮助破案。

小胡子将军得知X探长愿意到和平城来帮助破案，非常高兴。他亲自带着大头参谋长和炮兵团长去机场迎接。

专机平稳着陆，打开舱门，从里面走出一个身穿人字呢短外套，戴着一副茶色眼镜，头戴法国软帽，嘴里叼着一个大烟斗，左手夹着一个黑皮包的人，看上去年纪有五十多岁。不用问，他就是X探长。

小胡子将军迎上去和X探长握手，表示欢迎，并请X探长去驻军司令部休息。X探长要求立即赶到军火库的案发现场，进行现场侦察。

到了军火库，X探长先找到当晚看守军火库的值勤士兵，问他们可曾发现什么异常情况。

两个士兵回答："昨天午夜我们听到军火库后面有响动，但问口令没人回答。我们端起枪正想转到后面去看看，只觉得脑袋上重重地挨了一下，后来就什么也不知道了。"

X探长忙问："在什么时间?"

一个士兵回答："那时我刚好上厕所回来，看了看表是1点40分。"

X探长正在现场仔细搜索，突然大声嚷道："脚印!"大家跑过去一看，有一行脚印一直往北。X探长掏出本子写下一点什么，眼镜局长紧紧地跟在X探长身后，尾随着脚印前进，一直走到城墙的北城门口。

眼镜局长高兴地说："有线索了。现在可以肯定，盗窃犯是从北城门这儿跑出去的。快把昨晚在这儿值班的两个警卫给我叫来。"

X探长问这两个警卫昨晚可曾发现异常情况。他俩低下头说："我俩都打盹睡着了。"

眼镜局长一听，气得一挥手说："把这两个家伙给我抓起来，他们也太麻痹大意了!"

X探长伸手拦住，又对这两个值勤的警卫说："你们一点情况也回忆不起来吗?"

其中一个警卫想了一会儿，说："我在蒙眬中，忽然听到'当当'两声钟响，就惊醒了，睁开眼睛，看见一个黑影一闪而过。"

X探长若有所思地说："这么说，你在晚上2点整，看见有人出城啦。"说完又在本上记下一点什么。这时一名士兵牵来一条警犬。

X 探长手往外一指说："继续追踪脚印。"出了城顺着脚印一直追到一条小河边，警犬再也嗅不出逃跑人的足迹了。

线索到此中断了，大家都很失望，眼镜局长更是一筹莫展，X 探长却胸有成竹。他要来一份和平城的地图，仔细看了一遍，然后在笔记本上开始计算。

突然，X 探长用手往北一指说："快去逮捕偷盗霹雳火箭炮的人！他现在正在距城北 32 千米处的快乐旅店里。他的特征是：身高 1.8 米左右，体重约 80 千克，右脚有点跛。"

在场的人全都瞪大了眼睛，瞧着这位 X 探长，简直无法相信他说的是真话。

刚刚赶到的小胡子将军看大家都不动，下令道："发什么愣，赶紧去抓！"眼镜局长答应一声，亲自领着三辆摩托车，飞一样地向北开去。其他人赶回了驻军司令部。

大家围着 X 探长问他是怎么算的。X 探长淡淡一笑，说："身高是根据脚印的大小及步子的长短推算的，体重是根据脚印的深浅程度决定的，跛足是根据脚印的形状知道的，这都是一般侦探的常识。"

炮兵团长问："你怎么知道偷武器的人就在距城北 32 千米的快乐旅店里呢？"

"我首先计算了偷武器的人逃走的速度。他打昏看守军火库的士兵是在 1 点 40 分，守北城门的警卫 2 点钟醒来刚好看见他，说明他从军火库走到北城门用了 20 分钟。从军火库到北城门的距离，从地图上看，是 3.6 千米。"

大头参谋长连连点头说："分析得有道理。"

X 探长在地上画一个略带弯弯的叉叉，并用手指着说："我设偷霹雳火箭炮的人逃走的速度为每小时 x 千米。""x？ x 是什么？"这个"x"把在场的人都搞糊涂了。

X探长说："这就是x，在数学上用它表示未知数。"

小胡子将军仍旧不明白，他问："你不是要算速度吗？设x干什么？"

"x是多少现在还不知道，是需要求的那个数。只要是有待解决的问题，就总离不开这个x。"X探长双肩一耸说，"我是搞侦破工作的，我遇到的都是有待解决的问题，所以我一刻也不能离开x。"

"噢，怪不得你叫X探长呢！"

X探长有点自豪，他说："现在我们继续来算偷霹雳火箭炮的人的速度。设他每小时走x千米，已知20分钟走了3.6千米。20分钟等于$\frac{1}{3}$小时，这样就可以知道，他走了$\frac{1}{3}$个x千米的距离，恰好等于3.6千米，列出方程式就是：

$$\frac{x}{3}=3.6,$$

$$x=3.6\times3=10.8。$$

也就是他的速度是每小时10.8千米，跑得可真够快的。"

大头参谋长对数学特别感兴趣，他问："在你列的方程式中，有已知数$\frac{1}{3}$和3.6，还有未知数x，它们在方程式中的地位一样吗？"

X探长用赞赏的眼光看了大头参谋长一眼，说："你很会动脑筋，问题提得好。x虽说是未知数，但是在方程式中，它和已知数有同样的地位，对它可以进行加减运算，也可以进行乘除运算。"

"这就是说x和已知数完全一样啦！"

"也不是。用含有x的式子去乘或除方程式的两端，有时会出问题。"

"出什么问题？"

炮兵团长看大头参谋长没完没了地刨根问底，就说："等有时间了，再叫X探长慢慢给你讲。快让X探长讲讲，怎么知道偷霹雳火箭炮的人在城北32千米处的快乐旅店里吧！"

X探长说："他偷盗火箭炮的时间是晚上1点40分，小胡子将军下戒严令是清晨5点。北面只有一条大路可走，他从1点40分走到清晨

5点，共走了3小时20分钟，即$3\frac{1}{3}$小时。在这段时间里他所走过的距离，等于从军火库到北城门，又从北城门继续往北走的距离。这是另一个未知数，也用x来表示。”

“这么说，凡是未知数都一律用x表示啦?”大头参谋长又要刨根问底。

X探长好像特别喜欢别人刨根问底，他笑着说：“如果在同一个问题中出现了两个未知数，就不能同用x来表示了，不然的话，x究竟表示哪个未知数哇？这时可以再引入y和z来表示未知数。如果在两个问题中各出现了一个未知数，它们可以分别用x表示，不会混淆。”

大头参谋长点点头说：“速度和距离是两个问题中出现的未知数，它们都可以用x来表示。”

炮兵团长很不高兴地说：“我说参谋长，你别总打岔嘛！”

X探长继续解释说：“我们设从北城门继续往北走的距离为x，列出方程式：

$$3\frac{1}{3}\times 10.8=x+3.6,$$

$$x=36-3.6=32.4。”$$

炮兵团长一看答案，忙说：“哎——这就不对了。那个快乐旅店，它距离北城门不是32.4千米，而是32千米呀！”

X探长打开地图不慌不忙地解释说：“北边大路上，从20千米到40千米的距离里，只有32千米的地方有个小旅店。5点钟天已经亮了，他不敢扛着霹雳火箭炮再走，必定在那儿藏身。”

正说着，只听外面“突，突，突……”一阵急促的马达声响过，眼镜局长领着几名警察，扛着霹雳火箭炮，押着一个高个子右脚跛着的中年人走了进来，他眉飞色舞地大声报告说：“报告小胡子将军，在快乐旅店内，抓住了这个偷霹雳火箭炮的家伙。”

大家竖起大拇指，称赞X探长果然有办法。突然，外面响起消防车刺耳的叫声，电话铃响了。小胡子将军抓起电话一听，大惊失色，小胡子颤动起来，又出事啦！

查找纵火犯

一波未平，一波又起，城南巡逻队长通过电话向小胡子将军报告说："汽油库被人放火烧了，损失惨重。"

小胡子将军问："抓到纵火犯了吗？"

巡逻队长回答："抓到四名犯罪嫌疑人。"

"马上给我查出犯罪分子！"小胡子将军说完，气呼呼地放下电话。

炮兵团长在一旁说："和平城一向是太太平平的，最近这是怎么啦？"

大头参谋长建议说："我看此事还得请 X 探长出马才行。"

小胡子将军摇摇头说："X 探长是请来的，人家早晚要走，咱们不能总是请他来办案。"

警察局眼镜局长扶了一下眼镜说："咱们何不派一个聪明人，跟着 X 探长学一手侦破的本领呢？"

小胡子将军点点头说："嗯，是个好主意。你看派谁去学呢？"

"大头参谋长和炮兵团长都行。"

小胡子将军捋着胡子想了一下说："派大头参谋长去吧，作为参谋长要学会用脑子去分析问题。"大头参谋长听说派自己跟 X 探长学习侦破本领，乐得嘴都闭不上了。炮兵团长虽然一言未发，但是从他的脸色可以看出他很不高兴。

小胡子将军命令说："大头参谋长，派你跟随 X 探长，火速赶到汽油库，侦破这桩纵火案。"

大头参谋长举手敬了个礼说："是！"

X 探长带着大头参谋长乘车来到汽油库。汽油库四周环水，只有一条通道和外界相通。路口有士兵把守，还竖着一块木牌，上面用红笔写着醒目的大字：“严禁烟火！未经允许严禁车辆入内！”

四个犯罪嫌疑人在一旁，由士兵看押着。

巡逻队长介绍说：“这里日夜有人守卫，水里装着铁丝网，从水路无法进出。”

X 探长指着犯罪嫌疑人问：“他们是怎么被拘留的？”

巡逻队长指着其中一个胖子说：“他是在起火以后半分钟，在这个路口被抓到的。”

胖子哀求说：“长官，我没放火，没我的事，放我走吧！”

X 探长对大头参谋长说：“先鉴别他作案的可能性。”

大头参谋长挠着大脑袋，为难地说：“X 探长，你得教我怎么鉴别呀！”

X 探长说：“可以求一求他跑的速度。从汽油库到路口的距离是 600 米，因为从汽油库到路口不许车辆通行，他只能步行。起火以后只用了半分钟的时间他就出现在路口，先算算看他是否能赶到，应该求速度。设速度为每秒 x 米。”

大头参谋长问：“怎么求啊？”

X 探长说：“这还不简单吗？他在半分钟，也就是 30 秒的时间里以每秒 x 米的速度跑完 600 米，列出方程是：

$$30x=600,$$

解得

$$x=20。”$$

大头参谋长惊讶地说：“速度是每秒 20 米，这个大胖子跑得可真快！”

X 探长扑哧一笑说：“当前百米世界纪录才 9 秒多，也就是说世界冠军的速度差不多每秒 10 米，难道这个胖子的速度还能比世界冠军快一倍？这是不可能的。”

大头参谋长明白了，他说：“这说明他不是从失火的地方来的，而是从比较近的地方来的。”

X探长挥了挥手说：“可以排除他作案的可能，放他走吧！”胖子高兴地走了。

巡逻队长指着一对衣着华丽的青年说：“他俩是在路口外的一辆公共汽车里抓到的。”

两个青年声明自己根本没到汽油库去。

X探长问：“你们能拿出证据吗？”

两个青年说：“我俩确实到过这个路口，不过没进汽油库。我们从路口出发，在公共汽车里被抓，这段路程的二分之一我们是步行的，三分之一是跑着追汽车，乘上汽车又走了600米，就被拘留了。”

X探长对大头参谋长说：“他俩说的是不是真话，也需要核实。”

大头参谋长皱着眉头问：“这次又该怎样核实呀？”

X探长说：“列个方程式算算他俩说的路程，和实际的路程是不是相符。”

大头参谋长用笔挠了挠脑袋：“这次该设什么为x啦？”

“一般说来，求什么就设什么为x。”

“噢，这次是求路程，那我就设这段路程为x米，可是……怎么列方程式呢？”

X探长在地上画了一个示意图，指着图说：“你看，设这段路程为x，其中有$\frac{1}{2}x$步行，$\frac{1}{3}x$追赶汽车，还有600米是乘汽车走的。这个方程式该怎么列，还不明白吗？”

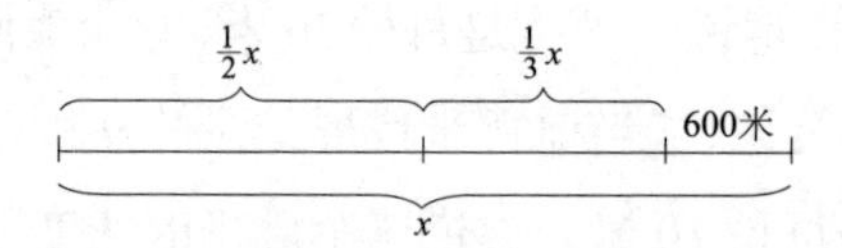

大头参谋长还真聪明，他看了一会儿就明白了，嘿嘿地笑着说：“知道了，把$\frac{1}{2}x$和$\frac{1}{3}x$加在一起，再加上汽车走的600米，不就等于整段

路程 x 了吗?”说着他写出了方程式:

$$\frac{x}{2}+\frac{x}{3}+600=x。$$

X 探长点点头说:“对，列方程式就是要努力找到一个联系已知数和未知数 x 的等式。列方程时，画图是很有帮助的。”

大头参谋长只学过算术，不会解方程式，因为那里面有一大堆未知数 x。

X 探长说:“x 有一个特性，虽然 x 出现的时候，代表的是未知数，但是一旦把 x 列进方程式，x 就和 3 呀、5 呀、$\frac{1}{2}$ 呀这些数一样，可以用来加、减、乘、除。”

大头参谋长一面听 X 探长讲解解方程的方法，一面尝试着解:

$$\frac{x}{2}+\frac{x}{3}+600=x,$$

$$\frac{5x}{6}+600=x,$$

$$\frac{x}{6}=600,$$

$$x=3600。$$

大头参谋长看着求出来的得数，怀疑地问 X 探长:“这个得数对吗?”

“得数是对的，现在需要核实两个青年说的话对不对。”X 探长又问巡逻队长，“你们是在距离路口 3600 米的地方抓到他们的吗?”

巡逻队长惊讶地回答:“不错，正好是 3600 米。咦，你们是怎么知道的呢?”

大头参谋长骄傲地回答:“是 X 探长教我用 x 算出来的。”

X 探长一挥手说:“两个数字相符，证明这两个青年说的是实话，没他们的事了。”

两个青年向 X 探长鞠了一大躬，欢天喜地地走了。

巡逻队长指着剩下的一个瘦高个儿说:“他是在起火以后 6 分钟，在河边抓住的。”

大头参谋长马上说："一共四个犯罪嫌疑人，排除了三个，剩下的这个准是作案的人。"

X 探长摇摇头说："别忙，要肯定是他作的案，也得找出证据来。"接着他问那个瘦高个儿，"汽油库失火的时候，你在干什么?"

瘦高个儿迟疑地回答："当时我在河边散步。"

守路口的士兵大声说："不对，汽油库失火后两分半钟，我亲眼看见他从路口跑出去了。"

瘦高个儿瞪圆双眼冲着守路口的士兵嚷道："你诬赖好人！我一直在这儿散步。"

X 探长说："计算一下他跑的速度。"

这次 X 探长自己计算速度啦，他边说边算："设他跑的速度为每秒 x 米，汽油库离路口是 600 米，他用了 2 分 30 秒，也就是 150 秒跑完，列出方程：

$$150x=600,$$

$$x=4。"$$

X 探长接着说："他又从路口跑到河边，所用的时间是用 6 分钟减去 2 分 30 秒，也就是 210 秒，他跑了 $4\times210=840$（米）的距离被抓住。"他转身问巡逻队长，"从路口到河边他被抓住的地方，是多少米?"

巡逻队长回答："正好是 840 米。"

大头参谋长厉声地对瘦高个儿说："这就证明你根本没在河边散步，而是从汽油库跑到河边的!"

瘦高个儿双手紧摆，着急地说："这是巧合，这不能作为证据。"

X 探长在一旁冷冷地说："巧合? 来，搜查一下他的全身!"

两名士兵从瘦高个儿身上搜出了手枪、雷管和各种伪造的证件。

"看你还说什么!"巡逻队长掏出手铐"咔嚓"一声铐住了瘦高个儿的双手。

大头参谋长跟 X 探长第一次侦破，就获得胜利。他正得意地晃着大脑袋，一辆吉普车飞一样地开了过来，在路口猛然停住。眼镜局长跳下车，气喘吁吁地说："小胡子将军叫你们俩马上返回驻军司令部，有要事商量。"

夺枪者在何方

X 探长、大头参谋长和警察局长急急忙忙赶回驻军司令部。一进门就看见满屋子人，小胡子将军火冒三丈，正在大发脾气，说什么霹雳火箭炮丢了，汽油库被点了，总有一天，他这个驻军司令也会被人抢了去！这时，他看见了 X 探长，立刻迎上去说："X 探长，您辛苦了。城东又发生了抢夺巡逻兵枪支的案件，还得麻烦您走一趟。"

X 探长二话没说，和大头参谋长、眼镜局长马不停蹄地赶到城东。巡逻兵向他们报告说："我背着冲锋枪，驾驶着摩托车，从驻军司令部到 6 千米外的东门去巡逻。我的摩托车的速度是每分钟 1.2 千米，刚走了 2 分钟，发现一个又高又胖的年轻人，也驾驶着摩托车，从驻军司令部后面出来，他开足马力追我，到东门正好把我追上。"

X 探长一挥手说："暂停！"回头对大头参谋长说："你先计算一下这个人的车速。"

大头参谋长似乎胸有成竹，大声说道："设夺枪者的车速为每分钟 x 千米，然后设法找到一个含有 x 的等式……"他的声音越来越低，X 探长不由得转身看了看。

只见大头参谋长满头大汗，手里握着铅笔在白纸上画来画去，还自言自语地说："真奇怪，这个方程式我怎么列不出来呢？"

X 探长笑着指点说："参谋长，列方程的时候，设什么为 x，是很有讲究的。x 设得合适不合适，往往影响到列出来的方程是简单还是复杂。如果 x 设得不合适，有时甚至列不出方程来。”

大头参谋长问：“您不是说过，求什么就设什么为 x，刚才您不是叫我求车速吗?”

“我是这么说过。”X 探长微笑着点点头，“但是数学这门学科的特点是既有规律性，又有灵活性。比如，速度、时间和路程，它们三者之间的关系是速度等于路程除以时间，只要知道其中的两个数，就可以求出第三个数。根据刚才我们听到的情况，直接列方程求速度要费点事，可以先求与速度有关的数嘛!”

大头参谋长确实聪明，他眼珠一转说：“哦，我明白了。我可以先求时间。设夺枪者从司令部跑到东门的时间为 x，已知这段路程是 6 千米，巡逻兵的车速是每分钟 1.2 千米，而他跑完这段路程比夺枪者多用了 2 分钟，因此可以列出下面的方程：

$$x+2=\frac{6}{1.2},$$

解得

$$x=3。”$$

X 探长说：“既然知道夺枪者在 3 分钟的时间里跑完 6 千米的路程，他的车速……”

“他的车速是 $6\div3=2$（千米），也就是每分钟 2 千米。”大头参谋长抢着回答，又很高兴地对 X 探长说：“探长先生，您教给我的方法真灵。”

X 探长对巡逻兵说：“继续报告。”

“我们俩在东门休息聊天。这个人对我说，他希望和我交朋友，还说他很喜欢骑摩托车。他说他的摩托车油箱特别大，有一次，他到一个地方去旅游，把油箱灌得满满的，第一天走了全程的 $\frac{1}{4}$，第二天走了余下的 $\frac{3}{5}$，第三天又走了全程的 $\frac{1}{5}$，才把油用完，这时，离目的地只剩下 50 千米了。”

大头参谋长听得不耐烦了，便催促说：“啰啰唆唆尽说这些有什么用，快说夺枪的过程吧!”

“不，巡逻兵说的这些情况很有用。”X探长打断了大头参谋长的话，“我们可以先算算，他如果灌满油箱，总共可以跑多远的路。”

“对！”大头参谋长一拍脑袋，表示他已经完全领会了X探长的意思，“设全程为x千米，这样，他第一天跑了$\frac{x}{4}$千米，第二天跑了$\frac{3x}{5}$千米，第三天跑了$\frac{x}{5}$千米，把它们加起来，比全程x少50千米，可以列出方程：

$$\frac{x}{4}+\frac{3x}{5}+\frac{x}{5}=x-50。”$$

大头参谋长通分化简，得：

$$\frac{21x}{20}=x-50,$$

$$\frac{x}{20}=-50,$$

$$x=-1000。$$

算到最后，大头参谋长惊讶地叫了起来：“哟，怎么得出负数来啦？”

眼镜局长听了，摆出很有经验的架势解释说：“这没什么可奇怪的，我听说负数表示相反的方向。这－1000千米嘛，说明……说明那个夺枪的家伙，开着摩托车不是往前进，而是往后退的。”

在场的人哈哈大笑，大头参谋长涨红了脸说：“你们看看，我解方程的步骤并没错呀！”

X探长凑过去认真地看了看说：“你把方程列错了。”他给大头参谋长画了一张图，解释说：“夺枪者第二天走的是第一天余下的$\frac{3}{5}$，而不是全程的$\frac{3}{5}$，所以应该这样列方程：

$$\frac{x}{4}+\left(x-\frac{x}{4}\right)\cdot\frac{3}{5}+\frac{x}{5}=x-50。”$$

大头参谋长恍然大悟，说：“还是我来解吧！

$$\frac{x}{4}+\frac{3}{4}\cdot\frac{3}{5}x+\frac{x}{5}=x-50,$$

通分

$$\frac{5+9+4}{20}x=x-50,$$

$$x=500。”$$

算到这儿，X 探长惊讶地说："好人的油箱，装满油竟能跑 450 千米！"

眼镜局长分析说："也许他的摩托车特别省油。"

巡逻兵接着说："谁知那家伙趁我不注意，将我打翻在地，抢走我的冲锋枪，骑上摩托车就跑了。"

X 探长问："他往哪个方向逃跑的？逃走了多长时间啦？"

巡逻兵回答："出东门跑的，已有 20 分钟了。"

"他的车速是每分钟 2 千米，现在已经逃出 40 千米啦！"X 探长拿出地图看了一下，又指着巡逻兵的摩托车问，"你的摩托车最高速度是多少？"

"最高速度是每分钟 2.2 千米。"

"好！参谋长，你驾驶着这辆摩托车，出东门以最快的速度追捕，3 小时 20 分钟以后就可以抓到夺枪者。注意，沿着正东大道去追。"

大头参谋长接到命令，全副武装，披挂整齐，带上步话机，精神抖擞，跨上摩托车向东飞驰而去。

警察局长扶了扶眼镜问："探长先生，你怎能料到 3 小时 20 分钟追上夺枪者呢？"

"也是算出来的呀！"X 探长解释，"两辆摩托车每分钟车速相差 0.2 千米，现在它们距离 40 千米，需要

$$40 \div 0.2 = 200\text{（分）}$$
$$= 3\text{小时}20\text{分}$$

才能追上。"

眼镜局长又问："探长先生，出东门有好几条道，您为什么肯定他一定沿正东大道逃走呢？"

X 探长指着地图说："你看，出东门的那几条路，它们通到边境的距离都超过 600 千米，只有正东的大道离边境 410 千米。"

"这有什么关系?"

"你想，那个家伙是在光天化日之下夺的枪，他背着枪跑，目标很大，必须尽快逃离国境。可是他那辆摩托车装满油最多只能跑450千米，因此，只能走正东的那条大道。"

警察局长有点不安地说："让大头参谋长一个人去，万一出点什么事……"

X探长很有把握地说："你不是向我介绍过嘛，大头参谋长年轻、聪明又很能干。我放心得很!"

3小时20分钟好不容易过去了。步话机中传来大头参谋长兴奋的声音："探长先生，眼镜局长，我已经追上这个家伙啦!"接着又听见一阵冲锋枪对射的声音。大头参谋长喊了一声："缴枪不杀!"一个嘶哑的声音颤抖着说："我投降，我投降!"大头参谋长报告："战斗胜利结束!"

警察局长这才松了一口气说："好，咱们回司令部去休息一下吧!"

刚走进驻军司令部，只见炮兵团长跌跌撞撞地跑进来说："不好了，小胡子将军丢啦!"

小胡子将军失踪了

X探长听说城防司令小胡子将军丢了，这事非同小可，立即下达命令："保护好现场，封锁各个要道。"

X探长、大头参谋长和警察局眼镜局长，把城防司令部上上下下、里里外外搜了个遍，一点蛛丝马迹也没发现。

X探长低头沉吟说："嗯，看来作案的人很小心，竟一点儿痕迹也没留下。"

突然，炮兵团长拿着一封信跑进来说："我在门外拾到一封给X探长的信。"

X 探长看了炮兵团长一眼，打开信一看，信上写道：

尊敬的 X 探长阁下：

小胡子将军被我劫走了。他被独自关在本城第 a 条街，b 号楼，c 层的一个房间里，请你火速来领。如果今晚 7 点以前不领走，小胡子将军的生命安全我概不负责。

顺致

敬意

外　4 月 4 日

X 探长翻过信的背面，发现还有：

a 的一半减 3，再乘以 4，等于 $a-4$；

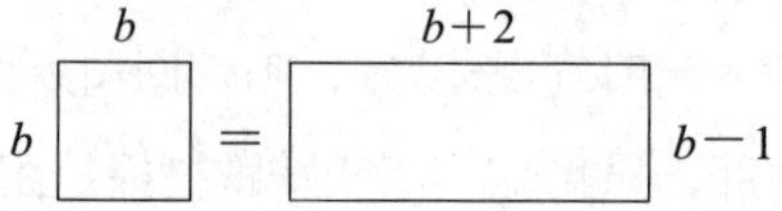

b　　　　$b+2$

b □ = ▭ $b-1$

$$\frac{\frac{\frac{c}{2}+1}{2}+1}{2}-1=1$$

眼镜局长把信接过来看了半天，百思不得其解，无可奈何地说：“这写的画的都是些什么呀？简直是天书。”又看了一下表，更着急了：“现在都六点半了，只剩下半小时，小胡子将军怕没命了。”说完竟呜呜地哭了起来。

X 探长忙安慰说：“局长先生，请别着急，这背面写的画的就是解开 a、b、c 之谜的钥匙。我们可以把 a、b、c 算出来。”

大头参谋长说：“这‘外’是谁呀？有姓外的吗？”

“这‘外’不是姓。外就是 y，过去我曾经说过，y 和 x 一样，也是用来表示未知数的。”X 探长说到这儿，不由得笑了笑，“我这个 x 和 y，经常在一起合作寻找未知数的答案，从来没闹过矛盾，这回 y 是怎么啦，要来考考我。参谋长，你就先求 a 吧！"

大头参谋长答应说："好，我先求 a。设 a 为 x……"

X 探长打断了大头参谋长的话，说："不用再设 a 为 x 了。在这里，a 本身就是一个未知数，用它直接列方程就可以了。"

大头参谋长边说边写："a 的一半，就是 $\frac{a}{2}$；减去 3，就是 $\frac{a}{2}-3$；再乘以 4，就是 $4(\frac{a}{2}-3)$，等于 $a-4$。知道了，列出方程是：

$$4(\frac{a}{2}-3)=a-4,$$

$$2a-12=a-4,$$

$$a=8。$$

哎！小胡子将军在第 8 条街上。"

眼镜局长高兴了，看了一下表说："有门儿。现在是 6 时 35 分，快算 b 是多少！"

大头参谋长看着信上画的图傻眼了。他摸着大脑袋说："一个正方形，一个长方形，中间还有一个等号。这是什么意思呢？"

眼镜局长分析说："画上等号，就是表示前面一个图形等于后面的一个图形。"

大头参谋长问："究竟指什么相等呀？"

"在这里，一种可能是指正方形和长方形的周长相等；另一种可能是指正方形和长方形的面积相等。但是，从两个图形已知的半边长看，$b+b\neq(b+2)+(b-1)$，因此不是指周长相等。" X 探长也帮助分析。

大头参谋长点点头说："那一定是面积相等了。正方形面积等于 b^2，长方形面积等于 $(b+2)(b-1)$，可列出方程：

$$b^2=(b+2)(b-1),$$

展开

$$b^2=b^2+b-2,$$

$$b=2。$$

我算出来了！小胡子将军在2号楼里。”

眼镜局长高兴极了，他催促说：“快算c！还有一刻钟就到7点了，快！”

大头参谋长头上都冒出汗来了，他说：“别催我啦，最后这个方程，我没见过，不会解。”

X探长提示说：“这是一个繁分数，也没有什么难的，可以从分数线最短的部分算起。”

大头参谋长开始解题了：

$$\frac{\frac{\frac{c}{2}+1}{2}+1}{2}-1=1,$$

$$\frac{\left(\frac{c}{4}+\frac{1}{2}\right)+1}{2}-1=1,$$

$$\frac{c}{8}+\frac{3}{4}-1=1,$$

$$\frac{c}{8}=\frac{5}{4},$$

$$c=10。$$

“好啦！小胡子将军在第10层楼上。”大头参谋长高兴地说。

X探长建议：“集合士兵，火速出发！目的地是第8条街，2号楼，第10层。”

炮兵团长在一旁为难地说：“2号楼第10层有几百个房间，如果挨个房间去找，可要误事的。”

大头参谋长一挥手说：“现在只剩下10分钟，已经顾不了那些了，听我的命令，立即出发。”

几十辆摩托车一字排开，直奔第8条街2号楼。在大头参谋长的指挥下，士兵分成几组顺着几个楼梯正准备扑向10楼。

X探长看了一下表说：“还有7分钟，这样盲目寻找不行，要认真研究一下，小胡子将军究竟在哪间房子里。”

X 探长重新拿出那封信，翻来覆去地看了看，又拆开信封，这才看见信封里面还写有一段话：

> 房间号码是三位数，中间的数字是 0，其余两个数字的和是 9。如果百位上的数字加 3，个位上的数字减 3，那么这个数，就等于原数百位上的数字与个位上的数字对调后的数。

X 探长冲大头参谋长一点头说：“对不起，时间来不及了，我只好亲自来解了。设这个三位数个位上的数字是 x，根据题意，它的十位上的数字是 0，百位上的数字是 $9-x$。”

大头参谋长问：“数和数字有什么不同呀？”

“简单地说吧，比如 327 是一个三位数，它的百位上的数字是 3，十位上的数字是 2，个位上的数字是 7。”

眼镜局长急得直跺脚说：“我的好参谋长，什么时候了，你还问个没完，让 X 探长快点算出来吧！”

X 探长接着往下算：“根据条件，房间的号码是：

$$100\times(9-x)+10\times0+x。”$$

大头参谋长忍不住又问：“这个方程该怎么列呀？”

“要根据另一个条件去列方程式。”X 探长胸有成竹地进行分析，“信上写着：百位数字加 3，就是 $9-x+3$；个位数字减 3，就是 $x-3$。得出来的新的三位数就是：

$$100\times(9-x+3)+10\times0+(x-3)。$$

这个新的三位数等于原来三位数百位上的数字和个位上的数字对调后的数。对调后的数是：

$$100\times x+10\times0+(9-x)。$$

这两个式子相等，列出方程：

$$100\times(9-x+3)+10\times0+(x-3)=100\times x+10\times0+(9-x)。”$$

X探长列出方程，飞快地解着，一眨眼的工夫就得出：

$$9-x=3,$$

$$x=6。$$

X探长长吁一口气，轻松地说：“好了，小胡子将军在306号房间里。”

大家一齐奔到10楼的306号房间，打开门一看，小胡子将军正躺在床上睡觉，还一阵阵地打呼噜。到这时，大家心里的一块石头才落了地，城里钟楼上的大钟“当当当……”正好敲了7下。

眼镜局长把小胡子将军叫醒，小胡子将军坐起来，揉了揉眼睛，一看就愣住了，他说：“这是什么地方，我怎么跑到这儿来啦?”

大头参谋长向他报告了事情的前后经过。“啪”的一声，小胡子将军一拍桌子，大声喊道：“一定要把那个‘外’给我抓住!”

“外”是谁

总算把小胡子将军找到了。可是，神秘信件的“外”是谁呢？他是用什么办法把小胡子将军弄到这个地方来的呢？司令部那么多卫兵，难道都是白吃饭的吗？这一连串的问题困扰着大家。

小胡子将军说：“咱们先回司令部吧。”大家下了楼，上了车。X探长没上车，他对小胡子将军说：“将军，你们先走一步，我想和眼镜局长散散步，随后就到。”

眼镜局长明白，这是X探长想利用散步的机会和他分析一下，这个“外”究竟是谁?

两个人肩并肩地走着。突然，眼镜局长提了个问题：“您看这个‘外’是外面的人呢？还是司令部内的人呢?”

X探长对眼镜局长提出的这个问题很感兴趣，他反问道：“你看呢?”

“驻军司令部戒备森严，外面人是很难进去的；小胡子将军昏睡，表明作案人在小胡子将军的水杯里放了适量的安眠药。除了勤务兵，其他士兵是不许进小胡子将军办公室的。”眼镜局长认真分析案情。

“这么说勤务兵值得怀疑喽!”

“不可能!”眼镜局长摇摇头说，“从‘外’给您的信来看，作案人的数学水平挺高，可是小胡子将军的两个勤务兵的文化程度都不高。”

X探长又问：“不是士兵又可能是谁呢?”

“那……只能是军官。可是那么多军官，会是谁呢?”眼镜局长有点犯难了。

X探长不慌不忙地问：“司令部的这些军官中谁的数学最好?”

眼镜局长毫不迟疑地回答：“数学最好的只有大头参谋长和炮兵团长。”

X探长提醒说：“可是大头参谋长一直跟我在一起呀!”

眼镜局长扶了一下眼镜，瞪大了眼睛，一字一句地说：“这么说只能是炮兵团长干的啦!”显然他对这个推测是有怀疑的。

“还缺乏足够的证据。”X探长吸了口烟说，“你能向我介绍一些有关炮兵团长的情况吗?”

“炮兵团长和大头参谋长都是年轻有为的军官，数学都很好，炮兵团长甚至比大头参谋长还要聪明机智些。”

X探长打断了眼镜局长的话，问道：“那为什么小胡子将军不提拔炮兵团长当参谋长呢?”

“说来话长。”眼镜局长倒背着双手一边走一边说，“老参谋长去年退休了，小胡子将军想提拔一名新参谋长。当时大头参谋长是步兵团长，小胡子将军想从步兵团长和炮兵团长中提拔一个，可是提拔谁呢?”

“是啊，到底提拔谁呢?”X探长随口应和了一句。

“正巧，当时有一伙强盗从和平城路过，要到邻近的一个村庄去抢劫。小胡子将军命令步兵团长和炮兵团长协同作战，消灭这伙强盗，想趁机考查一下他俩。”

X 探长问：“他俩合作得怎么样呢?”

“唉!”眼镜局长叹了口气说，“大头参谋长顾全大局，事事找炮兵团长商量，可是炮兵团长却有意刁难大头参谋长。”

“噢? 怎样刁难?”

眼镜局长说：“出发时，大头参谋长询问炮兵部队的行军情况，步兵好和他配合。炮兵团长也不明说，只说从这儿到前沿阵地有 55.3 千米，炮兵部队要走 3.75 小时。前一段路程以每小时 15.6 千米的速度前进，后一段路程以每小时 13.04 千米的速度前进，炮兵团长要求步兵在两段路程的交结处和他会合。”

X 探长笑着说：“嗬! 出师先考一道题，我来算算。设走完前一段路程用了 x 小时，那么走完后一段路程就用了 $(3.75-x)$ 小时。由前一段路程与后一段路程之和等于 55.3 千米，可以列出方程：

$$15.6x+13.04(3.75-x)=55.3,$$

展开

$$15.6x+48.9-13.04x=55.3,$$

$$2.56x=6.4,$$

$$x=2.5。$$

$$15.6\times2.5=39。$$

要在39千米处汇合。”

眼镜局长点头说：“对! 大头参谋长算出来的也是这个数。他带着步兵团准时在 39 千米处与炮兵团长汇合。谁料想炮兵团长又提出了新难题。”

“他又提出新难题?”X 探长也有点震惊。

眼镜局长生气地说：“炮兵团长叫大头参谋长把他带的 999 名步兵分成甲、乙、丙三个分队。要求用甲队的人数除以乙队的人数，或用丙队的人数除以甲队的人数，所得的都是商 5 余 1。您看，这不是成心刁难大头参谋长吗?”

X 探长关切地问：“这次，大头参谋长算出来了吗?”

“这道题太难了，大头参谋长算了半天也没算出来。炮兵团长趁机讽刺挖苦大头参谋长一番。”眼镜局长愤愤不平。

X 探长意味深长地说：“看来炮兵团长很会出难题考人哪!”

眼镜局长请求说：“这道题直到现在我还不会算，请探长先生帮忙算算。”

X 探长笑着说：“你来解，我帮忙。你只管大胆地做，我相信你一定能解出来。”

两个人蹲在地上算了起来。眼镜局长扶了一下眼镜问：“这里有甲、乙、丙三个分队，我设哪个分队的人数为 x 好呢?”

“为了避免出现分数，最好设最小分队的人数为 x。”

“甲、乙、丙哪个分队最小呢?”眼镜局长自问自答，“甲除以乙，商 5 余 1，也就是甲 ÷ 乙 = 5 + 1。”

“不对!”X 探长说：“要写成甲 ÷ 乙 = 5……1 才对。也就是甲 = 5 × 乙 + 1。”

“噢，是六个点而不是加号。同样丙除以甲也是商 5 余 1，列出式子是丙 = 5 × 甲 + 1。乙队人数最少，我应该设乙队人数为 x，这时

$$甲=5x+1。$$

$$\begin{aligned}丙&=5\times 甲+1\\&=5\times(5x+1)+1\\&=25x+6。\end{aligned}$$

甲、乙、丙都用 x 表示出来啦，可是这个方程怎么列呀?”眼镜局长又有点糊涂。

X 探长提醒说：“甲、乙、丙三个分队合在一起恰好是 999 呀!”

眼镜局长一下子明白过来了，他说："合在一起就是做加法呀！我会列方程了：

$$x+(5x+1)+(25x+6)=999,$$

展开

$$31x=992,$$

$$x=32。$$

哈！我求出来了。甲队有 $5\times32+1=161$（人），乙队有 32 人，丙队有 $25\times32+6=806$（人）。我验算一下：$\frac{161-1}{32}=5$，$\frac{806-1}{161}=5$。嘿！还真对。"

X 探长把话题又拉了回来，他问："后来又怎么样呢？"

"这件事很快就被小胡子将军知道了，小胡子将军严厉地批评了炮兵团长，批评他心胸狭窄，只想个人出风头。同时，又表扬了步兵团长能够顾全大局，并提升他为参谋长。"

X 探长又问："炮兵团长服气吗？"

"表面上服气，但是老毛病并没有改掉多少。不过，我要强调一下，炮兵团长虽然有缺点，但是他是个好人，他绝不会干出伤害小胡子将军的事情来。"眼镜局长分析问题很有分寸。

X 探长佩服地点了点头说："你分析得很中肯，不愧是警察局长。事实上小胡子将军也并没有受到任何伤害呀！反而舒舒服服地睡了一大觉，休息得蛮不错嘛。"

"炮兵团长虽然可疑，可是说他就是'外'，我总有点不信。"眼镜局长说完摇了摇头。

X 探长把嘴贴到眼镜局长的耳边，小声嘀咕了几句。眼镜局长领会了 X 探长的意图，高兴地说："好主意！"说完，两个人加快了脚步，径直向司令部走去……

我就是“外”

小胡子将军看见X探长赶回了司令部，立刻迎上去握住他的手说：“我真要好好感谢您呀！没有您的神机妙算，‘外’的这封信谁能破译出来啊！”

X探长谦虚地说：“也不是我一个人算的，大头参谋长也出了不少力。”

小胡子将军一听说大头参谋长也参加了破译工作，高兴极了，他站起来说：“嗯，我手下有两名年轻有为的军官，一个是大头参谋长，一个是炮兵团长。大头参谋长跟着您学，越学越有出息。炮兵团长，你可要迎头赶上啊！”

X探长向炮兵团长瞟了一眼，只见炮兵团长涨红了脸，很勉强地点了点头。

小胡子将军接着对X探长说：“我已经老了，将来要把军权让给年轻人喽！”

X探长问：“将军阁下，您今年多大年纪？”

“52岁。探长先生，您呢？”

“我的年纪嘛……对了，我现在的年龄是5年后年龄的5倍与5年前年龄的5倍之差，谁来算算我的年纪有多大？”X探长用自己的年龄编了一道题。

“我来算！”大头参谋长和炮兵团长都抢着要算。

大头参谋长不等X探长同意，就算了起来：“可以设您——X探长现年为x岁，那么5年后就是$x+5$岁，5年前就是$x-5$岁。又知道您现在的年龄是5年后年龄的5倍与5年前年龄的5倍之差，可以列出方程：

$$x=5(x+5)-5(x-5),$$

展开 $$x=5x+25-5x+25$$
$$=50。$$
您现在 50 岁。”X 探长笑着点了点头。

“好样的!”“算得真快!”“嘿!没白跟 X 探长学。”大头参谋长的解算一气呵成，博得满屋人的喝彩。

“这有什么了不起，”炮兵团长撇了撇嘴说，“这么容易的题，要是我来算，根本不在话下。不是吹牛，即使有十道八道，我一口气也全能做出来。”

X 探长对小胡子将军说：“您的两位接班人都有志气，他们的年纪多大?”

小胡子将军倒背着双手，边回忆边说：“他俩到底多大，我可记不清了。这点警察局长很清楚。”

警察局长接着回答：“我记得 X 探长 25 岁那年，他们俩还都是孩子，大头参谋长当时的年龄是炮兵团长的两倍。后来炮兵团长 22 岁那年，X 探长的年龄又是大头参谋长的两倍。”

X 探长故意说：“可真够绕的!”

话音没落，炮兵团长抢着说：“这有什么难的？我也会设 x。”

小胡子将军指着炮兵团长说：“你是知道你自己的年龄的，你来算必须要有根有据。”

“那是自然，”炮兵团长清了清嗓子说，“设大头参谋长现年 x 岁。大头参谋长的年龄是我的两倍时，X 探长恰好 25 岁。X 探长现年 50 岁，这说明是 25 年前的事了。”大家纷纷点头，觉得炮兵团长分析得有道理。

炮兵团长又接着说：“关键是要列出一个等式。我今年……”说到这里，炮兵团长猛然停住了。他说，“我……我的年龄也是未知数呀!可这……已经有一个 x 了……”

X 探长突然站了起来，指着炮兵团长说：“已经有一个 x，可以设

你的年龄为 y 嘛！”

一个“y”字，如同在平静的湖水中投进了一块巨石，激起了轩然大波。

小胡子将军反应最快，他高声叫道：“谁是‘外’？快把‘外’给我抓起来。”下面的人也跟着嚷嚷：“‘外’在哪儿？‘外’在哪儿？”

再看炮兵团长，面如土色，满头是汗。

X 探长赶紧摇摇手说：“请安静。司令官阁下，我们在解方程呢！由于 x 这一个未知数不够用，我建议设炮兵团长的年龄数为 y。”

“炮兵团长就是‘外’？”小胡子将军显然还是没听懂。

X 探长解释说：“我是说设炮兵团长现在的年龄为 y 岁，y 和‘外’是字不同而音同。请炮兵团长继续往下解题吧。”炮兵团长两眼发愣，呆呆地站在那里，X 探长的话他竟然没听进去。

小胡子将军倒听明白了，他笑着说：“原来你说的不是作案人‘外’呀！那，炮兵团长你快解题吧。”

炮兵团长回过神来，接着说：“25 年前大头参谋长的年龄是我的两倍。25 年前，我是 $(y-25)$ 岁，大头参谋长是 $(x-25)$ 岁。这样可以列出一个方程：

$$x-25=2(y-25),$$

$$x=2y-25。 \quad ①$$

我现年是 y 岁。”说到 y 时，可以听出炮兵团长声音有点发抖。

炮兵团长咳嗽了一声，提了提精神说：“我 22 岁时，是多少年前呢？应该是 $y-22$ 年前。在 $y-22$ 年前 X 探长的年龄恰好是大头参谋长的两倍，又可列出一个方程：

$$50-(y-22)=2[x-(y-22)],$$

解得

$$y=2x-28。 \quad ②$$

往下我可不会解了。”炮兵团长实在太紧张了，想赶快结束解算。

“不能打退堂鼓呀，”X 探长拦住炮兵团长说，“你已经把这道题解到这一步，怎么能甩手不管呢！”

炮兵团长惶恐不安地说：“这个 y 我没法处理呀！”

“好办！可以使用代入法，把②式代入①式，将 y 代掉，将 y 消灭掉！”X 探长故意把“将 y 消灭掉”几个字说得又狠又重。只见炮兵团长全身猛然一抖，豆大的汗珠顺着额角直往下淌。他擦了擦额头上的汗，将②式代入①式，得到

$$x=2(2x-28)-25,$$

$$3x=81,$$

$$x=27。$$

炮兵团长有气无力地说：“大头参谋长现年 27 岁。”

小胡子将军问：“那么，你的年龄呢？”

X 探长接着问：“y 呢？”

“y？”炮兵团长吓得两手捂着头说，“我不知道‘外’是谁！”

X 探长说：“y 总会解出来的，‘外’也总要暴露出来的。炮兵团长，难道需要我把 y 解出来吗？”

“不、不，我自己来解。将 $x=27$ 代入 $y=2x-28$ 中，$y=26$。我 26 岁。”

突然，炮兵团长扑到小胡子将军脚下，边哭边说：“我就是‘外’，我对不起您啊！”

“什么？炮兵团长就是‘外’！”在场的人都十分惊讶，只有 X 探长和警察局长平静地坐在那里。

小胡子将军伤心地问：“你为什么要……”

炮兵团长泪流满面地回答：“说来话长……”

一笔糊涂账

炮兵团长正在那里哭得气塞声噎，只见X探长走上前去，拍拍他的肩膀说："炮兵团长，我替你说吧。我知道你没有坏心，就是想显显你的数学才能，是不是？"

炮兵团长一听，连连点头，哭得更伤心了。在场的人都觉得莫名其妙，把目光集中在X探长身上。只见他转身对小胡子将军说："将军，我来解释一下。首先，我见到'外'的信，就发现此人数学水平不低；其次，我确定，能够把您从容地带出司令部的，只有您身边的高级军官。司令部的高级军官中，数学水平高的只有两个人，一个是大头参谋长，另一个就是炮兵团长。而大头参谋长一直在我身边，他不可能作案。那么，'外'极可能就是炮兵团长。"

听他这么一说，在场的人都如梦初醒，连连点头。X探长接着分析说："作案人并不笨，我敢肯定，他心里明白，信上的题目绝对难不倒我，我一定能把将军阁下找到。"

"那他为什么要这样做？"小胡子将军又糊涂了。

X探长微笑着说："还是炮兵团长自己说吧！"

炮兵团长满脸羞愧地说："是嫉妒迷了我的心窍。我和大头参谋长的数学水平本来不相上下，可是将军您老夸大头参谋长的数学好，我心里不服气，一气之下我就犯了这个大错误。"

小胡子将军刚要大发脾气，忽然跑来一个满头大汗的卫兵，递给X探长一封加急电报。X探长拆开一看，轻轻地"啊"了一声，立刻对小胡子将军说："将军，您也别生气了。这件事炮兵团长是做错了，但是他已经承认了错误，况且也没有产生严重后果。现在国际侦探组织有一个重要情况需要我去，关系到咱们和平城的安全，我必须马上动身。我不在期间，请你们一定要注意内部团结，警惕外部敌人的捣乱。炮兵团长要协助大头参谋长，将功补过，不许再制造事端……”

小胡子将军也站了起来，对炮兵团长说：“看在X探长面上，暂且饶你一次。再出鬼点子，新账老账一起算。”小胡子将军又回头对财政局长说：“X探长要去办事，你先从国库拨出20万元给他做活动经费。”

财政局长一愣，支支吾吾地说：“国库里钱不多了，只剩20.5万……”

“什么？”小胡子将军跳了起来，“不可能！你先预支20万元给X探长，让他快去办事。明天上午以前把账本给我，我要查账。”

财政局长哪敢怠慢，他先把钱送给X探长，第二天一早，又把账本送给小胡子将军。

小胡子将军翻开账本一看，只见账本上有许多墨点，把一些数字都盖上了，他气得大声问：“这是怎么搞的？”

财政局长吓得脸色煞白，结结巴巴地说：“前天晚上我正在算……算账。我女儿，不，是我儿子在一旁写大字。他不留神把墨汁瓶碰翻了，溅了一账本。我……我还打了他一顿。”小胡子将军把账本一摔，说：“数字都看不清了，怎么查？纯粹是一笔糊涂账！”

大头参谋长和炮兵团长闻声走了进来，说：“您别急，让我们俩来查。”

他们带着账本回去，翻开账本，第一笔账写着：军火库买进火药2●吨，每吨500●元，共计●25150元。大头参谋长想了一下，说：“总钱数一定是125150元。”

炮兵团长问：“你是怎么知道的？”

“你想啊！500●中间有两个0，这样500●和2●相乘，不论怎么进位，都影响不到总钱数中十万位上的数字。由于$2\times5=10$，可以推算出十万位上的数字一定是1。”

炮兵团长点点头说：“有道理。那么其余两个墨点盖住的数字，又怎么猜得着呢？”

“靠猜怎么行？”大头参谋长说，“还是用方程来解吧。这里有两个墨点，要设两个未知数。”

“让我来做吧！”炮兵团长赶紧说，“设火药吨数里墨点下的数字为 x，那么火药就是 $(20+x)$ 吨，又设每吨火药价里墨点下的数字为 y，那么每吨火药是 $(5000+y)$ 元。由于共计用了125150元，可以列出方程：

$$(5000+y)(20+x)=125150,$$

展开得 $$100000+5000x+20y+xy=125150,$$

两边各减100000，得 $$5000x+20y+xy=25150。”$$

炮兵团长解到这儿，给卡住了。大头参谋长也在冥思苦想。突然他一拍大腿，说：“有了！可以肯定 x 和 y 都不是0。如果 x 是0，y 不是0，代入上面式子，就变成 $20y=25150$，y 就不是一位整数，可是咱们设的 x 和 y 都是一位整数，所以 x 不是0；如果 $y=0$，代入上面的式子，$5000x=25150$，x 不是整数，也不对；如果 x、y 同时为0，代入上式就会出现左边是0，而右边是25150，这当然更不对了。”

炮兵团长问：“你说这一大套有什么用？”

“用处可大啦！”大头参谋长兴奋地说，“x、y 都不超过9，它们的积最大不会超过81。而25150中最后两位数字是50，我想50一定等于 x 乘 y，即 $xy=50$。”

炮兵团长反驳说：“肯定不对！$50=5\times5\times2$，x 和 y 都是从1到9的正整数，它们相乘怎么能得出50呢？”

这番话像一瓢凉水泼在头上，大头参谋长顿时凉了半截，他说：“你说得对。可是，这 x 和 y 怎么求呢？我看准是财政局长捣的鬼，成心把账弄糊涂，非得要他交代不可！”

炮兵团长摇摇头说：“不可轻举妄动。财政局长一向老实，怎么会干这样的事？再说即使是他干的，你没有证据，他又怎么肯交代？”

大头参谋长只得捺下性子，又思考起来。忽然，炮兵团长说：“咱们别老琢磨末两位数，换条路子琢磨一下头两位数，行不行？”

大头参谋长眼睛一亮，忙问："怎么琢磨？"

炮兵团长说："我也不知道。"

大头参谋长想了一会儿，连说带写："你想，x 乘 y 不超过 81，也就是 $xy \leqslant 81$，而 20 乘 y 呢，不会超过 180，也就是 $20y \leqslant 180$。把 $20y$ 和 xy 相加，也不会超过 $81+180=261$，对不对？"

炮兵团长还不明白，他说："算得倒是对……"

大头参谋长抢着说："$20y+xy \leqslant 261$，说明 $20y+xy$ 不会得出三位以上的数字，那么这 25150 中的头两个数字所代表的 25000，一定是 5000 和 x 相乘得来的，即 $5000x=25000$，$x=5$。"

炮兵团长高兴地喊了声："有门儿！"

"那么 $20y+xy$ 就一定是 150。把式子中的 x 换成 5，得出

$$20y+5y=150,$$

$$25y=150,$$

$$y=6。$$

我来验算一下："$5006 \times 25=125150$。对！没错！"大头参谋长和炮兵团长高兴得跳了起来。他们俩用同样的方法，又算出了好几笔账。

他俩带着账本去见小胡子将军，当着财政局长的面，他们把账本上的数目一笔笔算清楚，最后说："从账面上看，国库里应有 100 多万元，怎么只剩下这么一点？是不是你贪污了？"

财政局长吓得浑身发抖，哆哆嗦嗦地说："我交代，账本是涂改了。可钱……钱我没拿，是……是他……"

小胡子将军一瞪眼，喝问："他是谁？"

一个身份不明的人

财政局长承认有人把国库里的钱弄走了，小胡子将军追问此人是谁。

财政局长说："三天前一早，我刚刚上班，正准备清理一下账目，突然一个戴着大口罩的人闯了进来。他用枪逼着我，说要借钱。我被他逼得没办法，只好让他拿走了一大笔钱。"

大头参谋长紧握双拳，对财政局长叫道："你这个胆小鬼，为什么不和他搏斗？为什么眼睁睁地让他把钱拿走？"

小胡子将军却很冷静地问："他拿走了多少钱？"

财政局长支支吾吾地说："我也说不清。"

"嗯？"小胡子将军两眼一瞪说，"拿走多少钱，你都不知道？"

财政局长说："他叫我打开保险柜，先数了一下柜里有多少钱，然后掏出一大一小两只口袋。他先把大口袋里装满了钱，对我说，明人不做暗事，这口袋里装的都是大票子，装走的钱数是总钱数的$\frac{1}{2}$还多 2 万元。"

炮兵团长插话说："你总该知道保险柜里有多少钱吧？"

"刚上班，我还没来得及清点，他就闯进来了。柜里的钱数我说不准，大概有 100 多万元吧。"财政局长自知责任重大，低下了头。

小胡子将军生气地说："你心里什么都没个数，快往下说。"

财政局长继续说："他又把小口袋装满，然后对我说，这口袋装的钱数是余下钱数的$\frac{3}{4}$还少 1 万元，剩下 20.5 万元好让你向小胡子将军交账。"

大头参谋长问："那账上的墨点又是怎么回事？"

财政局长叹了口气说："他临走时对我说，'我拿走了这么多钱，小胡子将军会饶过你吗？我教你一个高招吧。'说着他把账本打开，把墨汁洒在账面上，又教我如何说瞎话欺骗您，我……我有罪呀！"说完就呜呜地哭了起来。

“你的问题以后再处理。”小胡子将军转身对大头参谋长和炮兵团长说，“你们俩要以最快的速度，把坏蛋拿走的钱算出来。”

“是！”两个人答应一声，就到一旁去计算了。

炮兵团长说：“这个问题的已知条件挺多，又是$\frac{3}{4}$，又是$\frac{1}{2}$，又是多2万元，又是少1万元，最后还有个20.5万元。我看，咱们就设坏蛋拿走的钱为未知数x吧。”

“先别忙，”大头参谋长说，“X探长告诉过我，不一定求什么就设什么为未知数。我看这个坏蛋拿走的钱是总数的$\frac{1}{2}$多2万和剩下的$\frac{3}{4}$少1万，都要用总钱数来算，设总钱数为x元，计算起来更方便些。”说着，大头参谋长拿出纸和笔来，“咱俩开始列方程吧，要一步一步地列。”

炮兵团长着急地说：“小胡子将军等着要答案，咱们还是赶紧把方程一下子列出来吧，别分步了！”

大头参谋长摇摇头说：“不成啊！我过去列方程比你还着急，结果总是列错，反而耽误时间。X探长告诫我说‘欲速则不达’，咱们还是先把大口袋里的钱数算出来。”

“这容易。”炮兵团长说，“设总钱数为x元，根据大口袋里钱数是总钱数的$\frac{1}{2}$还多2万元，应该是$(\frac{x}{2}+20000)$元。”

“对！大口袋装满后，余下的钱数是$x-(\frac{x}{2}+20000)$。”大头参谋长说出了第二步。

炮兵团长说：“小口袋里的钱数是装完大口袋余下钱数的$\frac{3}{4}$少1万元，应该是

$$\frac{3}{4}\left[x-\left(\frac{x}{2}+20000\right)\right]-10000。”$$

大头参谋长说：“可以列出方程了：

$$x-\left(\frac{x}{2}+20000\right)-\left\{\frac{3}{4}\left[x-\left(\frac{x}{2}+20000\right)\right]-10000\right\}=205000。”$$

总钱数　大口袋里的钱数　小口袋里的钱数　最后剩下的钱数

炮兵团长吃惊地说：“好长的方程啊！要一步列出来还真不容易。我来解。展开：

$$x-\frac{x}{2}-20000-\frac{3}{4}x+\frac{x}{2}+20000+10000=205000。”$$

炮兵团长还想往下解，大头参谋长拦住说：“慢着，展开方程时，脱括号最容易出错了，咱们先一项一项检查，如果没问题了再解也不迟。”接着就一项一项地检查起来。“第一个小括号外面是负号，脱括号时里面每一项都要变号，$\frac{x}{2}$变成$-\frac{x}{2}$，对；20000 变成-20000，也对。”

炮兵团长有点不耐烦了，他说：“你检查什么呀！我还能做错了?”

大头参谋长不理他，只是一个劲儿地往下检查：“脱掉这个大括号，由于前面是负号，-10000 要变成 10000，对；再脱掉中括号，应该用$-\frac{3}{4}$去乘里面的每一项。唉！不对啦。”

炮兵团长忙问：“怎么不对啦?”

“你脱中括号时，只注意到里面变号了，没拿前面的$\frac{3}{4}$去乘小括号里边的$\frac{x}{2}$和 20000 呀!”

炮兵团长一看，脸红了，说：“果然是忙中出错，我来改。”

这回他算得特别认真：

$$x-\frac{x}{2}-20000-\frac{3x}{4}+\frac{3}{4}\times\frac{x}{2}+\frac{3}{4}\times20000+10000=205000,$$

整理

$$x-\frac{x}{2}-\frac{3x}{4}+\frac{3x}{8}-20000+15000+10000=205000,$$

$$\frac{x}{8}=200000,$$

$$x=1600000。$$

炮兵团长说：“快去告诉小胡子将军，这人拿走了160万元。”

大头参谋长摇摇头说：“这160万元是总钱数，而他拿走的钱数是1600000－205000＝1395000（元）。”

小胡子将军听说这个戴口罩的人拿走了这样一笔巨款，心里奇怪：拿这么多钱干什么呢？他问财政局长：“他还说什么了？”

财政局长想了一下说：“他临走时说，我是来借钱的，这笔钱将来还是要花在和平城里。”

“嗯？”小胡子将军倒背着双手，在屋里不停地踱着步，“他这话是什么意思呢？”

大头参谋长说：“他准是想在咱们和平城抢购一大批东西。应该通知商业部门，谁买的东西多就把谁抓起来审问。”

炮兵团长摇摇头说：“不，他不会那么傻。他如果想要东西直接抢商店不就成了吗？”

小胡子将军说：“炮兵团长说得对。此人来和平城必有更阴险的目的。财政局长，你说这人有什么特征？”

“这个人中等身材，年纪有四十多岁，秃头，身体很健壮，不过他说话有点特别。”财政局长说到这儿停住了。

大头参谋长急着问：“怎么个特别法？”

财政局长说：“他说话好像有点漏风。”

大头参谋长晃悠着大脑袋说：“说话漏风？真新鲜！不过，这人数学水平可不低呀。”

警察局眼镜局长匆匆进来说：“报告！在市中心发现一个秃脑袋、戴大口罩的可疑人。”

小胡子将军问：“他身上带着什么？”

“肩上背着一个大口袋，手里还拎着一个小口袋。”

小胡子将军一跺脚说：“正是他！大头参谋长、炮兵团长，你们俩带上武器和微型步话机，盯住他，千万别把他打死，要抓活的!”

追踪

大头参谋长带着微型步话机和炮兵团长、警察局长一溜儿小跑来到了市中心。可是，戴大口罩的人已经不知去向了。

大头参谋长埋怨警察局长说:“瞧你，也不派个人盯住他，让他跑了吧!”

警察局长摘下眼镜，一面擦汗一面说:“发现他的时候，只有我一个人，哪里去找人盯住他?”大头参谋长用步话机向小胡子将军汇报了情况。

小胡子将军告诉他们，巡逻兵发现戴大口罩的人在新商业区的西南角，他沿着新商业区的西侧，正从南向北走去。小胡子将军命令大头参谋长赶快找到他。

大头参谋长问炮兵团长:“新商业区是一个正方形，咱们现在的位置是在新商业区的东南角。你说，咱们是先向北追好呢，还是先向西追好?”

炮兵团长回过头问警察局长:“你知道这个新商业区每边有多长吗?”

警察局长摇摇头说:“我可不知道。你问每边多长有什么用?”

炮兵团长解释说:“如果每条边比较长，戴大口罩的人从南往北走，需要比较长的时间才能走到北头，这时咱们先西后北地追赶他，就可以在新商业区的西侧追上他；如果每条边比较短，他很快走到了北头，很可能又转向东走，这时咱们先北后西去追，能迎头遇到他。”

大头参谋长点点头说:“炮兵团长分析得有道理。这里只有一部微型步话机，咱们还不能分开去追。”

警察局长把眼镜戴好，说:“哎呀！这个新商业区的每边有多长，我真的不知道。不过，把旧商业区改建成新商业区的整个过程，我是清楚的。”

“你说说看。”炮兵团长对商业区的改建过程很感兴趣。

警察局长边想边说：“我听建工局长说过，把旧商业区改建后，新商业区的面积比原来的多 10000 平方米。”

炮兵团长瞪大眼睛追问：“你还知道什么？再说得详细点。”

警察局长突然想起来了，他说：“对啦！旧商业区是长方形的，改建时把旧商业区的长减少了 40 米，宽增加了 70 米，变成了一个正方形的新商业区。”

炮兵团长一拍大腿说：“好极了！有这几个数据，正方形的边长就可以算出来啦。我先画个图。”说完在地上画了个图。

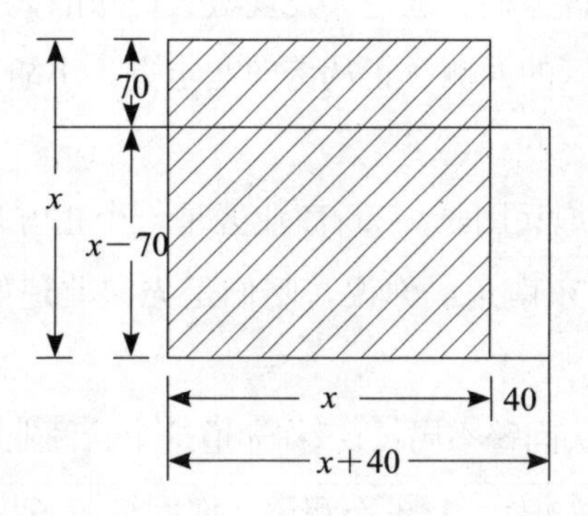

炮兵团长在图上边画边说：“设正方形的边长为 x 米，正方形的面积就是 x^2 平方米。”

大头参谋长抢着往下解：“长方形的长减少 40 米才是正方形的边长 x 米，这样长方形的长就是 $x+40$ 米。同样道理，长方形的宽应该是 $x-70$ 米。长方形的面积就是：$(x+40)(x-70)$ 平方米。”

炮兵团长又接着算：“根据正方形的面积比长方形的面积多 10000 平方米，可以列出方程：

$$x^2-(x+40)(x-70)=10000,$$

展开 $$x^2-x^2+30x+2800=10000,$$

整理 $$30x=7200,$$

$$x=240。”$$

不到半分钟就算出来了。警察局长佩服地说：“二位算得真够快的，我是跟不上啊！”

炮兵团长说：“240 米，他得走一会儿哪。咱们先往西追！”说完撒腿就往西跑，跑到西南角，拐过来就往北追。远远就看见一个肩背大包、手提小包的人正往北走。

眼镜局长用手一指，说了声：“就是他，快追！”三人加快脚步追了上去，眼看就要追上了，突然街边一个电影院散场了，从里边拥出很多人，三个人被人群一冲，再找，戴口罩的人不见了。

大头参谋长一跺脚说：“嘿！你说多倒霉。这电影早不散场晚不散场，偏偏这时候散场。”

还是眼镜局长有经验，他很沉着地说：“他跑不了多远。我估计，他不是钻进了右边的百货公司，就是溜进了左边的水上公园。”

大头参谋长当机立断，他命令眼镜局长守住水上公园的门口，炮兵团长守着百货公司的门口，自己先进百货公司去搜查。

大头参谋长把一楼找遍了，也没有找见。上到二楼再找，还是没有找见。又走上了三楼，看见许多人挤在卖鞋的柜台前，挑选新式皮鞋。在人群中露着一个大口袋，大头参谋长心想，“好啊！你以为躲在人群中我就找不到你呀”。他拔出手枪跑了过去，右手的手枪往前一顶，左手抓住口袋用力往外一拉，说了声：“朋友，认识一下好吗？”待背口袋的人一回头，把大头参谋长吓了一跳，原来是一位老太太。大头参谋长赶紧向老太太行了个举手礼，说：“对不起，搞错了。”接着一溜烟儿跑出了百货公司。

炮兵团长在门口问："怎么样？找到了没有？"大头参谋长擦了把额头上的汗，说："没有，咱们赶快去水上公园再搜。"

大头参谋长跑进水上公园，用眼睛向四周扫视了一下，很快就发现了一个戴大口罩的人刚刚租好一艘汽艇，向公园出口驶去。炮兵团长也发现了目标，他说："不好，他要乘汽艇逃跑！"戴口罩的人十分狡猾，为了躲避大头参谋长的视线，他贴着湖的外沿行驶。

大头参谋长也想租一艘汽艇，跟踪追击。可是租船人说："汽艇已经全部租出去了。"大头参谋长一跺脚说："真糟糕！"

炮兵团长安慰说："你可以绕着湖心小岛追他。不过，需要计算一下时间，看能不能追上。"

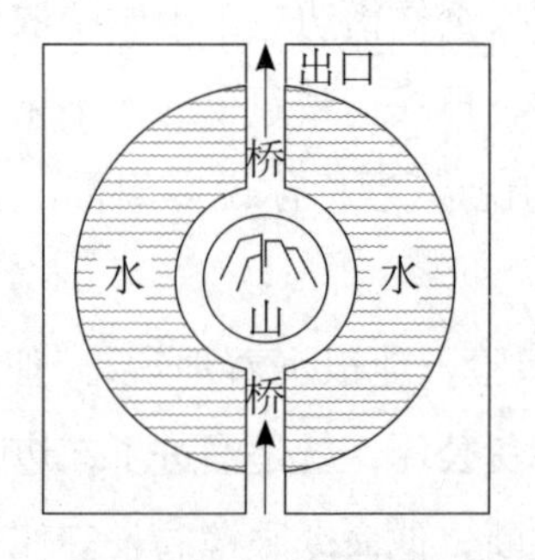

大头参谋长问租船人："这个圆形湖的周长是多少？圆形岛的周长是多少？汽艇速度有多快？"一连三个问题把租船人给问愣了。

炮兵团长解释说："我们在追踪一个坏蛋，请你帮帮忙，快！"

租船人说："我只知道圆形湖的半径是湖心岛半径的三倍，圆形湖的周长比小岛周长多 17600 米。"

炮兵团长无可奈何地说："闹了半天还需要算。设湖心岛半径为 r 米，湖的半径就是 $3r$ 米。这样湖心岛的周长是 $2\pi r$ 米，湖的周长是 $2\pi(3r)$ 米，它们之差是 17600 米，可以列出方程：

$$6\pi r-2\pi r=17600,$$

$$4\pi r=17600,$$

$$r=\frac{17600}{4\pi}。$$

哎，参谋长，π取多少好算一些?”

大头参谋长说：“π取$\frac{22}{7}$吧。这样

$$r=\frac{17600}{4\times\frac{22}{7}}$$

$$=\frac{7\times 17600}{88}$$

$$=1400。$$

湖心岛的半径是1400米，而湖的半径是$3\times 1400=4200$（米）。有了半径就可以求出圆周长……”

炮兵团长拦住说：“其实只求出湖心岛周长的一半就可以了。

湖心岛周长的一半$=\pi\times r=\frac{22}{7}\times 1400=4400$（米）。租船人说湖的周长比湖心岛的周长多17600米，半周长就多8800米，这样湖周长的一半$=4400+8800=13200$（米）。”

大头参谋长说：“我的100米成绩是12秒5，合算成速度是每秒8米。汽艇速度是多少?”

租船人说：“汽艇的速度是每秒10米。”

大头参谋长得意地说：“他开汽艇到对岸需要$\frac{13200}{10}=1320$（秒），我从湖心岛跑到对岸，需要$\frac{4400}{8}=550$（秒）。行！我比他早到770秒，差不多有13分钟哪！一定能追上他，请大家不要着急。”

炮兵团长搓着双手说：“你算得不对！你只算小岛的半周长啦。你怎么不算上连接湖心岛和两岸的桥长呢？难道你能飞到小岛上去?”

“对啦！我是忙中有错，忘了加上桥长了。”大头参谋长赶忙算桥长，“用湖的半径减去小岛的半径就是一座桥的长度，再乘以2就是两座桥的总长。即桥的总长$=2\times(4200-1400)=5600$（米）；到对岸的路程=

$4400+5600=10000$（米）；跑到对岸时间$=\frac{10000}{8}=1250$（秒）。”

大头参谋长一捂脑袋喊道：“啊呀！我只比他早到 70 秒，才一分多钟。这又耽误了半天，我得快跑才成！”说完撒腿就跑。

戴大口罩的人发现大头参谋长在追他，他加快速度向出口处冲去。大头参谋长两眼盯住戴大口罩的人驾驶的小艇，飞也似的追赶。

大头参谋长刚刚跑到对岸，看见戴大口罩的人也刚刚上岸。大头参谋长迅速拔出手枪，就要上前逮捕他。

突然，微型步话机里传出了 X 探长的声音：“大头参谋长，请你不要逮捕他！”

“啊？费了半天劲我才追上他，怎么能把他轻易放掉呢？”大头参谋长实在搞不明白。

“听从命令！你们立即返回司令部，有要事商量。”步话机里传出了小胡子将军严厉的声音。

“是！立即返回司令部。”作为军人，大头参谋长从来就是服从命令的。他把手枪放回衣袋，眼睁睁地看着戴大口罩的人上了岸，从出口处走了……

“抓住了没有?”炮兵团长和眼镜局长此时也赶到了。

大头参谋长把手一挥说：“小胡子将军命令咱们立即返回司令部！”

阴谋

大头参谋长、炮兵团长和眼镜局长马不停蹄地赶回司令部，进门正看见小胡子将军和 X 探长在研究一封信。

X 探长见大头参谋长满脸不高兴，忙站起来说：“你们辛苦了。”

“辛苦还不是白辛苦，人都放跑了！”看来大头参谋长的气还没消。

X 探长心平气和地说：“现在还不能逮捕他，因为这里面还隐藏着更大的阴谋。”

“阴谋？什么阴谋？”大头参谋长和炮兵团长都被搞糊涂了。

“你们想，最近几天，为什么有人来偷盗霹雳火箭炮？为什么有人放火焚烧油库？为什么有人抢夺巡逻兵的枪支？又为什么有人从国库里抢走一大笔钱？难道这些都是孤立的、偶然的吗？”

X 探长一连串的问题把大家问住了。

眼镜局长用手扶了一下眼镜说：“我也觉得奇怪！咱们和平城最近是一个案子接着一个案子，原来这里面有阴谋啊！”

“对的。”X 探长说：“根据国际侦探组织提供的可靠情报，这些案子是同一个暴力集团干的。那个戴大口罩的人，是这个暴力集团的大头子。”

“他是大头子！”大头参谋长激动地说，“那为什么不赶紧把他抓起来呀？”

X 探长一摆手说：“他来和平城的目的是什么，城里还有没有他的同伙？这些情况都没有搞清楚，咱们不能打草惊蛇呀！”

警察局长插话说：“这叫放长线钓大鱼。”

大头参谋长着急地问：“把他放走了，将来到哪儿去找他呀？”

X 探长随手把信递给大头参谋长，说：“这个集团已经和咱们内部的人勾搭上了，你们看看这封信吧。”

大头参谋长接过信一看，信上写道：

我亲爱的没见过面的伙伴：

我将于 a 月 b 日晚 c 时去取回我的三只耗子。届时我带几个弟兄去，我带的人数和狱中狱警人数、犯人人数的平均数恰好是 50。请你提前 2 小时到快乐旅店接我们。

联系暗号：我是你的哥哥，但你不是我的弟弟。

注意：a、b、c 是小于9的三个连续自然数，$\frac{1}{a}+\frac{2}{c}=\frac{3}{b}$。

祝你

财运亨通

口不正

警察局长和炮兵团长也把信看了一遍，可是你看看我，我看看你，谁也看不懂。

大头参谋长摇摇头说："什么乱七八糟的，我一句也看不懂。"

眼镜局长问X探长："这封信您是从哪儿得到的？是谁寄给谁的？"

X探长说："这封信我是在邮局查获的，是戴大口罩的人寄给狱警队长的。"

炮兵团长提出了一个问题："这个人为什么总戴着个大口罩？"

X探长笑了笑说："他是个歪嘴。"

"噢，怪不得我听他说话有点漏风。"财政局长明白过来了。

"他信中署名口不正，口不正就是歪嘴呀！"大头参谋长也明白过来了。

"还是请X探长讲讲这封信是怎么查获的，信中讲的是些什么吧！"炮兵团长又把话题拉了回来。

"当我得知偷霹雳火箭炮的、烧油库的和抢冲锋枪的匪徒是歪嘴的同伙时，我猜想歪嘴这次来和平城的一个重要目的，是想救出关在监狱里的三个匪徒。"X探长分析说，"歪嘴是个老手，他不会蛮干。他要想办法在监狱中找个内应，来个里应外合，这样既稳妥又省力。"

大头参谋长着急地问："他会找谁做内应呢？"

"你们还记得吧，歪嘴抢走财政局长的钱时，曾说了句'这笔钱还要花在和平城'。看来他是想用重金收买监狱中的人，我当时就问过小胡子将军，监狱中谁爱钱如命。"X探长用手指了一下小胡子将军。

小胡子将军点点头说："问过。我告诉X探长，原来我手下有三个数学比较好的军官，除大头参谋长和炮兵团长之外，还有现在的狱警队长。你们都清楚，他不学好啊！他就喜欢钱。我曾委任他当过军需团长，可是他借职务之便，大量贪污公款，我一气之下把他放到监狱，让他当个狱警队长。"

眼镜局长插话道："他当狱警队长时，也想尽办法压榨犯人的钱财。"

X探长接过话说："歪嘴摸准了狱警队长贪钱财的这个弱点，用重金收买了他。"

炮兵团长问："您是怎么想到去邮局查信的呢?"

"我估计歪嘴还不敢过早和狱警队长见面，只好通过密写书信的方式来制订阴谋计划。我去邮局一查，果然查到了这封信。"

炮兵团长又问："这信上写的究竟是什么?"

"这是他们制订的密谋劫狱的计划。"X探长指着信说，"信中说取回三只耗子，显然是指救出牢狱中的三个同伙。其他是用解算数学题的方式，把日期、派去劫狱的人数都隐藏在答案里了。"

大头参谋长说："歪嘴真够狡猾的。他知道狱警队长数学好，解题有两下子，就来了封数学密信。我去把狱警队长抓来!"说完拔枪就走。

"站住!"X探长对大头参谋长干事欠考虑有些不满。停了一下又说，"你和炮兵团长先把信中的未知数算出来。"

炮兵团长皱着眉头说："a、b、c是三个未知数，需要列出三个方程才行啊！可是只有一个方程$\frac{1}{a}+\frac{2}{c}=\frac{3}{b}$，怎么办?"

X探长提醒说："你们应该把问题多看几遍，看看是不是把条件都用上啦?"

大头参谋长猛地一拍大腿说："嗐！信中明明写着a、b、c是小于9的三个连续自然数嘛！如果设a为x，b就是$x+1$，c就是$x+2$喽!"

眼镜局长也明白过来了，他说："表面是三个未知数，其实是一个未知数。"

X探长摇摇头说："如果是三个连续的自然数，一般不设成x、$x+1$、$x+2$，而常常设为$x-1$、x、$x+1$。这样设的好处是，把它们相加或相乘都比较方便。"

炮兵团长自告奋勇地说："我来算a、b、c。设b为x，那么$a=x-1$，$c=x+1$。把a、b、c代入到方程$\frac{1}{a}+\frac{2}{c}=\frac{3}{b}$，得

$$\frac{1}{x-1}+\frac{2}{x+1}=\frac{3}{x},$$

通分，得

$$\frac{x+1+2x-2}{(x-1)(x+1)}=\frac{3}{x},$$

$$\frac{3x-1}{x^2-1}=\frac{3}{x},$$

$$3x^2-x=3x^2-3,$$

$$x=3。$$

这样$a=3-1=2$，$b=3$，$c=3+1=4$。"

X探长提醒说："解这种分母含有未知数的方程时，应该把解出来的根代入原方程检验一下，看看会不会使分母得零。使原方程分母得零的根没有意义，要舍去。"

炮兵团长把$x=3$代入$\frac{1}{x-1}+\frac{2}{x+1}=\frac{3}{x}$的分母中检查，分母都不为零。他说："没错，就是这三个数。"

小胡子将军捋了一下胡子说："嗯，歪嘴想在2月3日凌晨4点钟去劫狱。你们再算算他带几个人去劫狱。"

大头参谋长抢先一步说："这次由我来算。警察局长，你知道狱中有多少犯人，有几名狱警吗？"

眼镜局长说："有120名犯人，20名狱警。"

"好，"大头参谋长开始计算，"设歪嘴带去x人。他信中说他带的

人数和狱警人数、犯人人数的平均数恰好是50。这样就可以列出方程：

$$\frac{x+20+120}{3}=50,$$

$$x+140=150,$$

$$x=10。$$

啊！歪嘴只带10人去劫狱。”

小胡子将军问：“下一步怎么办？”

X探长倒背着双手踱了几步，说：“我自有安排。”

X探长把炮兵团长叫到跟前，小声嘀咕了几句，把炮兵团长乐得一蹦老高。大家惊奇地问：“你怎么啦？”

将计就计

X探长对小胡子将军说：“我们对歪嘴暴力集团的情况了解得还不多，为了把他们一网打尽，必须将计就计。”

小胡子将军问：“怎么个将计就计？”

X探长说：“从歪嘴的信中可以知道，歪嘴和狱警队长并没有见过面。可以让炮兵团长装扮成狱警队长，按照歪嘴信中约定的时间去和他接头。”

小胡子将军点点头说：“很好！请说下去。”

“让炮兵团长把歪嘴一伙引进咱们事先布置好的埋伏圈，一举抓获。”X探长扭头对炮兵团长说：“你有胆量去完成这个任务吗？”

没等炮兵团长回答，大头参谋长抢着说：“我有胆量，探长先生让我去吧！”

X探长摇摇头，惋惜地说：“我相信你是有胆量的，可惜你的脑袋太大，又近距离跟踪过歪嘴，你会引起他的怀疑。”

炮兵团长两只鞋后跟用力一磕，向X探长行了个举手礼，然后庄重地说："请X探长放心，我不完成任务，不回来见您。"

X探长又和炮兵团长仔细研究了对付歪嘴的各种方案。

2月3日凌晨3点多钟，天黑乎乎的，一钩弯月斜挂在天幕之上，快乐旅店的外面万籁俱寂。一条黑影，动作敏捷得像个猴子，三蹿两跳就到了旅店门口。他先向四周看了看，又轻轻地拍了三下门。

门"吱呀"一声开了一道缝儿，门里面说了声"进来。"黑影刚闪身进了门，突然一支手枪的乌黑枪口顶住了来人的胸膛。

原来，黑影就是炮兵团长，拿枪的正是歪嘴。

歪嘴满脸杀气地逼问："我是你的哥哥，但是你不是我的弟弟，你是我的什么人？"

"快说！"炮兵团长回头一看，门后面还埋伏着几个匪徒，几支短枪也都对着他。

炮兵团长十分镇定，他用暗语来回答他的联系暗号："我是你的妹妹呀！"

歪嘴冷笑了一声说："听说阁下数学很好，我想请教两个问题。"

"请便！"炮兵团长满不在乎地说。

歪嘴说："现在我心里正想着一个数。这个数加上它的$\frac{1}{2}$，再加上它的$\frac{1}{3}$，正好比这个数多1。请问，我想的这个数是几呀？"说完歪嘴两只眼直勾勾地盯着炮兵团长。

炮兵团长略微想了想说："你想的这个数是$\frac{6}{5}$。"

一个矮个子匪徒走近说："我来验算一下，看你做得对不对。$\frac{6}{5}$的$\frac{1}{2}$是$\frac{3}{5}$，$\frac{6}{5}$的$\frac{1}{3}$是$\frac{2}{5}$。$\frac{6}{5}+\frac{3}{5}+\frac{2}{5}=1\frac{6}{5}=\frac{6}{5}+1$，对！这个数是$\frac{6}{5}$。"

"你不是蒙的吧？说说你的算法！"歪嘴紧追不放。

"嘿嘿，想要知道算法嘛，"炮兵团长一伸手说，"拿钱来！"

"要钱？说个解题方法也要钱。给你！"歪嘴从口袋里掏出一大沓钞票，"啪"的一声拍到炮兵团长的手掌里。

炮兵团长一看见钱，立刻眉开眼笑。他说："设你所想的数为x，这个数的$\frac{1}{2}$就是$\frac{x}{2}$，这个数的$\frac{1}{3}$就是$\frac{x}{3}$，这三个数的和等于$x+1$。可以列出方程：

$$x+\frac{x}{2}+\frac{x}{3}=x+1,$$

$$\frac{6+3+2}{6}x=x+1,$$

整理

$$\frac{6+3+2}{6}x-x=1,$$

$$\frac{5}{6}x=1,$$

$$x=\frac{6}{5}。$$

这就得出了你想的数是$\frac{6}{5}$。"

"嗯！"歪嘴点了点头，手枪的枪口离炮兵团长的胸口稍远了点。

"现在我心里想着两个数，"歪嘴开始出第二个问题，"这两个数的和是3，这两个数的比也是3。你说说这次我想的两个数各是几呀？"

炮兵团长立刻答出了这两个数："一个是$\frac{9}{4}$，另一个是$\frac{3}{4}$。"

"说说你的算法。"歪嘴收起了手枪，态度缓和多了。他把右手伸进口袋，待炮兵团长伸出手要钱时，又是一沓钞票拍到了炮兵团长的手掌里。

炮兵团长看着钱乐呵呵地说："够朋友！设你想的两个数为x和y。由这两个数的和是3，可以得到$x+y=3$；再由这两个数的比是3，可得$x:y=3$，即$x=3y$。把$x=3y$代入$x+y=3$中，得$3y+y=3$，$y=\frac{3}{4}$；再由$x=3y$，得$x=\frac{9}{4}$。"

歪嘴握着炮兵团长的手高兴地说："暗号接对了，数学很棒，又爱财如命，没错！你就是我的朋友——狱警队长。哈哈！"他这一笑，嘴更歪了，样子显得更加丑陋。

其他匪徒也把枪收起来了，客气地说："里面请！里面请！"

炮兵团长和匪徒们走进一间大屋子，分宾主坐定。炮兵团长用眼睛一扫，除歪嘴外，屋里还有10名匪徒，一个也不少。

歪嘴问："狱警队长先生，离劫狱时间不到1小时了，你安排得怎么样啦？"

炮兵团长坐在椅子上，跷着二郎腿，仰面朝天，嘴吸着香烟，还不停地向空中吐着一口口白烟。他慢腾腾地说："一切都安排好了，不过……"

歪嘴问："不过什么呀？"

炮兵团长把手一伸说："事成之后，你给我多少钱哪？"这句话激怒了在座的匪徒，他们站起来，七嘴八舌地嚷开了：

"这小子张嘴就是钱，他是从钱眼里钻出来的！"

"没他照样劫狱，把他干掉算啦！"

歪嘴把双眼一瞪，凶狠地说："少废话，没你们的事！再多嘴我枪毙了你们！"转脸又笑嘻嘻地对炮兵团长说，"我从财政局长那儿弄来一大笔钱，足够你花的，你说个数吧！"

炮兵团长晃悠着右腿，漫不经心地说："我要价不高。"

"多少？"

炮兵团长又向空中吐了一口白烟，说："多少？我来说你来猜。我要的钱数，加上我要钱数的$\frac{1}{4}$，再加上30万元，所得的和恰好2倍于我要钱数的$\frac{3}{4}$。"

歪嘴嘿嘿地一阵冷笑，说："你难不倒我。设你要的钱为x元，你要的钱数，加上你要钱数的$\frac{1}{4}$，再外加30万元。用代数式来表示，就是$x+\frac{x}{4}+300000$，这笔钱恰好2倍于你要钱数的$\frac{3}{4}$，可以列出方程：

$$x+\frac{x}{4}+300000=2\times\frac{3}{4}x,$$

两边同乘以4，得 $$5x+1200000=6x,$$

解得 $$x=1200000。”$$

“120万元！天哪！我没有那么多钱。”歪嘴表示无可奈何。

炮兵团长笑嘻嘻地说：“你不用骗我。你从财政局长那儿弄到了139.5万元，对不对？”

歪嘴瞪大眼睛说：“你只给我剩下十几万元，这怎么成呢？”

“不成就算了，我要走啦！”炮兵团长把半截香烟丢在地上，用脚狠狠地一踩，站起来就走。

几个匪徒“刷”的一声亮出短枪，喝道：“往哪里走！”

歪嘴一摆手，说：“把枪收回去！在客人面前成何体统。狱警队长先生请别见怪，不过，你的胃口可真不小啊！行，我同意事成之后，给你120万元。时间不早了，咱们走吧。”

炮兵团长又把手一伸说：“先给60万元作为定金。”

“好！”歪嘴咬了咬牙，从大口袋里数出60万元交给了炮兵团长。

炮兵团长把钱数了两遍，放进背包里，然后一招手说了声：“跟我走！”一行人出了快乐旅店，消失在夜幕之中……

匪首漏网

炮兵团长领着歪嘴和10名匪徒，在夜幕的掩护下，直奔监狱方向。

突然，炮兵团长趴在地上一动也不动，歪嘴和匪徒们也赶紧趴下不敢动。一阵皮靴声由远及近，只见3名巡逻兵端着冲锋枪从不远的地方走过。看见3名巡逻兵走远了，炮兵团长爬起来继续快步前进。

“停步！”歪嘴突然叫住了炮兵团长，他看着手腕上的夜光表说，“时间还早，咱们在这儿歇一会儿，再研究一下劫狱方案。”说完又做了个手势。4 名匪徒往东南西北四个方向放哨去了，余下的人围成个圆圈坐下来。

歪嘴对炮兵团长说：“听说小胡子将军手下有三个数学好的军官，一个是大头参谋长，一个是炮兵团长，再一个就是狱警队长阁下您喽。”

炮兵团长点点头说：“是这样的。”他心里想，歪嘴，你又要耍什么花招?

歪嘴又说：“你们三个人当中，据说你的数学水平最高，大头参谋长其次，炮兵团长最差。有些人干脆把炮兵团长叫大笨蛋，你说对吧?”

炮兵团长一听，心里这个气呀！怎么，说我是个大笨蛋？炮兵团长真想掏出枪把他打死，但是为了完成任务，也只好满脸不高兴地点点头，嘴里“嗯”了一声。

歪嘴一本正经地说：“有人说炮兵团长是个大笨蛋，是有根据的。听说有一次他看见一个小孩在看书，他问小孩：‘你看的这本书还挺厚，有多少页呀?’小孩回答：‘我第一天只读了 40 页，从第二天起，每天读的页数都比前一天多 5 页，我最后一天读了 70 页。你说我这本书一共有多少页呀?’嘿！你猜怎么着，这位炮兵团长竟没有算出来，叫一个小孩子给考住了。哈哈……”他觉得笑声太大，赶紧用手捂住自己的歪嘴。

炮兵团长心想，这是哪儿的事呀？纯粹是胡编乱造!

歪嘴停住了笑，对炮兵团长说：“不过，像这样简单的问题，如果让狱警队长您来算，那就不算什么啦!”

不等炮兵团长答话，周围的匪徒七嘴八舌地说：“那就请狱警队长给算算吧!”

直到这时，炮兵团长才醒悟过来，这是歪嘴在继续考验自己。炮兵团长笑了笑说：“这道题容易，我来给你们做做。可以先把小孩读完这本书的天数求出来。”

一个匪徒说：“问的是书有多少页，你求天数干什么?”

炮兵团长解释说：“求天数比求页数好求，另外，有了天数，页数也就容易求了。”

歪嘴恶狠狠地盯了问话的匪徒一眼，对炮兵团长说：“你算你的，甭理他!”

炮兵团长继续说：“最后一天读了70页，第一天读了40页。70－40＝30（页)，这30是最后一天比第一天多读的页数。”

又一个匪徒插话道:“用30除以后一天比前一天多读的页数5，得6。这说明可以用6天读完喽。”

炮兵团长摇摇头说：“不对。用30除以5之后，应该再加上1，一共需要7天读完才对。”

歪嘴皮笑肉不笑地问：“往下该怎么算哪?”

炮兵团长一下子给问住了。是呀！往下可怎么算呢？他站起来拍了拍裤子上的土说：“算啦，天都快亮了，咱们赶紧去劫狱吧。把三个弟兄救出来，我再给你们算。”

歪嘴嘿嘿地笑着说：“来得及，既然弟兄们请你把这道题做完，我看你就做完了再去吧。”

炮兵团长一看这架势，知道不做是不成了。只好又坐下来说：“往下做还不容易。从第一天到第七天，每天读书的页数依次是：

40、45、50、55、60、65、70

然后把这七个数加起来不就成了嘛!”

歪嘴撇了撇嘴说：“人家都说狱警队长聪明，我想计算这几个数相加，一定有又快又好的计算方法。”

但是炮兵团长真的不会别的算法呀！这时炮兵团长记起了X探长的嘱咐：歪嘴是个老奸巨猾的家伙，他不会轻易相信你的，他会随时随地考查你的。可是自己只准备如何解方程了，对于各种计算题的算法却没有认真准备。

歪嘴看炮兵团长实在做不出来，就站起来说：“咱们该行动了。”在东面放哨的匪徒跑来报告：“第二分队全部到齐。”在西面放哨的匪徒也跑来报告：“第三分队全部到齐。”

“啊！”炮兵团长心中一惊。炮兵团长问歪嘴说：“你给我的信中只说带10个弟兄去劫狱，怎么又出了第二分队和第三分队呢？”

歪嘴说：“人多点不是更好吗？你已经安排狱警们都睡觉去了，门口只留下一个你的心腹。你带着这10个弟兄先冲进去，把监狱大门打开，然后守住狱警宿舍的门。我带着第二、第三分队的弟兄跟进去救人。”

炮兵团长问：“那我们一共有多少弟兄呢？”

歪嘴看了炮兵团长一眼说：“第二分队和第三分队人数的比是2∶3，你带的人数和两个分队人数差的比是5∶4。具体多少人，你自己算算吧！你赶快带人走吧。”

“好吧！”炮兵团长拔出了手枪说了声，“弟兄们跟我走！”然后一猫腰直奔监狱大门跑去，10名匪徒成一字形紧紧跟上。

到了监狱门口，炮兵团长趴在地上，看见只有一名士兵守卫着大门。炮兵团长心想，我要尽快地把匪徒确切人数算出来。

炮兵团长开始心算：由于第二分队和第三分队人数的比是2∶3，可以设第二分队为$2x$人，则第三分队为$3x$人。由我带的人数与两分队人数差的比为5∶4，可列出方程：

$$10:(3x-2x)=5:4,$$

即

$$10:x=5:4,$$

$$5x=40,$$

$$x=8。$$

这样第二分队有16人，第三分队有24人。

“啊！歪嘴还有40人哪！”炮兵团长有点发愣。一名匪徒催促炮兵团长说：“你快点发联络暗号吧！”炮兵团长轻轻拍了三下掌，守门人也轻轻拍了三下掌，表示一切顺利。接着守门的士兵打开了监狱大门，炮兵团长领着10名匪徒飞快地冲进了大门。

“不许动！”“把枪放下！”几十支枪同时指向冲进监狱的匪徒，众匪徒不知所措地举起了手。这时X探长从后面走了出来，紧紧握住炮兵团长的手说：“团长先生，干得不错嘛！”

匪徒们个个傻了眼，炮兵团长擦了把头上的汗说：“探长先生，歪嘴带的不是10名匪徒，而是50名！”

“噢？你是怎么知道的？”

炮兵团长就把歪嘴如何考验他，以及他有一道题没有做好原原本本地讲了一遍。

X探长摇了摇头说：“坏了，让他跑了！”

“谁跑了？”

“歪嘴一个人跑了！”

“不对！歪嘴还带着40名匪徒哪！”

“他骗你哪！他只带了这10名匪徒。”

炮兵团长不信，他揪出那两个当哨兵的匪徒问：“你们不是报告说第二、第三分队来了吗？”

两个匪徒低着头小声说：“哪有第二、第三分队？这都是歪嘴事先布置好，叫我们骗你的。”

“啊？这是怎么回事？”炮兵团长糊涂了。

X探长叹了口气说：“唉！问题就出在那道题上呀。”

巧捉歪嘴

匪首歪嘴在劫狱的途中一个人溜掉了，假扮成狱警队长的炮兵团长直到这时还蒙在鼓里。

X探长对炮兵团长解释说："歪嘴为人十分狡猾，由于他没见过狱警队长，对你究竟是不是狱警队长，他一直是怀疑的。"

炮兵团长点点头说："对！他还编造了一个小孩看书的故事，骂我是笨蛋，看我生气不生气。"

炮兵团长又说："歪嘴说把40、45、50、55、60、65、70加起来，有一种又快又好的算法，我怎么也不会算。"

"破绽就出在这种算法上！"

"说说看，究竟是什么原因？"

X探长说："在你去快乐旅店的同时，我们把狱警队长逮捕了。从他床下的皮箱中，搜出了歪嘴给他的几封信。从信里知道，狱警队长早已掌握了求这样几个数之和的简便方法。这次他又问你一道类似的题，可是你不会，他就肯定你不是真的狱警队长了。"

炮兵团长问："歪嘴说的那个又快又准的算法究竟怎样做呀？"

X探长说："很简单。你只要把这几个数按从小到大排列相加一次，再按从大到小排列相加一次，我来具体给你做做吧。"说着就动手做了起来，设这个和为S。

$$
\begin{array}{rl}
 & S=40+45+50+55+60+65+70 \\
+ & S=70+65+60+55+50+45+40 \\
\hline
 & 2S=110+110+110+110+110+110+110 \\
 & 2S=7\times110 \\
 & S=\dfrac{7\times110}{2}=7\times55=385。
\end{array}
$$

炮兵团长又问："他既然知道我不是真的狱警队长，为什么不开枪打死我，然后带着10名匪徒逃跑呢？"

X探长说："你既然是假扮的狱警队长，他就知道上当了，已经落进了咱们的圈套。他如果把你打死，带众匪徒逃走，咱们埋伏的人一出来，恐怕连他自己也逃不掉。为了保全他自己的性命，他就把10名匪徒送进咱们'嘴'里，把咱们稳住，他好逃跑。"

炮兵团长一跺脚，说："歪嘴真狠毒！不过，让他溜走了，这可留下了一条祸根呀！"

X探长吸了口烟，慢腾腾地说："歪嘴跑不了！他逃得了第一关，可逃不了第二关。"

炮兵团长高兴地说："噢，还有一关哪！这第二关又是什么？"

"你想啊！歪嘴抢来的钱被你弄回来一半多，歪嘴手下的10名匪徒也被咱们捉住了。现在他只剩下逃命这一条路啦！"

"对！他只有逃命啦。那……咱们的第二道关怎样设呢？"炮兵团长急于问个究竟。

X探长并不急于回答炮兵团长的问题，他说："你马上赶回驻军司令部，打印150份通缉令，天亮之前在东、西、北三个城区张贴，但是南区不许张贴。"

"是！"炮兵团长行了个举手礼，立即去司令部了。

第二天一早，东、西、北三个区的居民，三人一堆、五人一伙在看通缉令。

【通缉令】

匪首歪嘴在逃。此人中等身材，年纪在四十岁左右，秃顶，身体健壮，嘴向右歪，常戴一个大口罩，说话有点漏风。望全体居民帮助缉拿。

城防司令官

小胡子将军

一个用围巾捂着嘴的人，在通缉令前站了一下，又向四周看了看，掉头就走。他见东、西、北三个城区都贴着通缉令，就沿着正南的大道，混在人群当中，出了南门。

此人正是歪嘴，他现在的心情很复杂：懊悔自己上了X探长的当，人没有救出来，反而又贴了10个弟兄；又庆幸自己逃出了城，哼！留得青山在，不怕没柴烧！咱们走着瞧吧。歪嘴还担心半路上再遇到埋伏，心中忐忑不安。

出南门没走多远，迎面是一条大河，一座大桥横跨在河上。歪嘴刚想迈步上桥，啊！桥上有十几名士兵在检查过桥的行人。看来桥是过不了啦。

歪嘴沿着河边走，希望能找到一条船。真是天无绝人之路，一条渔船停在河边。歪嘴快步走了过去，大声问："船上有人吗?"歪嘴一连叫了好几声，才从船舱里走出一个戴着大斗笠的老渔夫。渔夫左手拿着酒壶，右手拿着一条烤鱼，不耐烦地说"嚷什么?"

歪嘴把捂嘴的围巾又围了围，客气地说："我想过河，请帮帮忙。"

渔夫仰脖喝了一口酒说："过河有桥，找我干什么?"

"我……一辈子没坐过船，想坐船过河。"歪嘴说着从口袋里拿出一大把钞票递给了渔夫。

渔夫看见钱眼睛一亮，赶紧把钱接过来数了一遍，高兴地说："嘿，钱还真不少。你上船吧!"

歪嘴上了船，见船上没有别人，才放了心。渔夫开动机器，渔船向对岸驶去。渔船开起来还挺快!

渔船没开出多远，一阵刺耳的警笛声突然响了起来。歪嘴习惯地摸了一下手枪问：“什么声音？”

“巡逻艇。”

“能追上咱们吗？”

渔夫漫不经心地说：“你盯住后面，我开快一点。”歪嘴亮出手枪，对准后面追来的巡逻艇，渔船飞快地开了起来。

歪嘴不放心地问：“巡逻艇到底能不能追上咱们？”

渔夫回头看了一眼说：“现在这两条船相距 4 千米，我知道渔船和巡逻艇速度的比是 3∶4，我还知道如果渔船坏了，停下不动，巡逻艇用 2 分 30 秒就可以追上咱们，你算算巡逻艇要多长时间可以追上。”

歪嘴赶紧算了起来：设渔船的速度为每秒 $3x$ 千米，则巡逻艇的速度为每秒 $4x$ 千米。

两船相距 4 千米，巡逻艇用 2 分 30 秒可以跑完 4 千米，可以列出方程：

$$4x \times 150 = 4,$$

$$x = \frac{1}{150}。$$

两船速度差为 $4x - 3x = x$（千米/秒），设巡逻艇追上渔船的时间 t，

$$t = \frac{4}{\frac{1}{150}} = 600(秒) = 10(分)。$$

“啊！只用 10 分钟就可以追上！”歪嘴正在发愣，一支冰凉乌黑的手枪对准了歪嘴的后背。“不许动！把枪放下！”渔夫把斗笠、胡子摘掉。歪嘴回头一看，渔夫不见了，站在他后面的是大头参谋长，歪嘴乖乖地举起了手。

巡逻艇加快速度追了上来。X 探长站在艇上对歪嘴说：“你已安全到达了目的地，请上巡逻艇吧！”

歪嘴上了巡逻艇，走进舱里，看见偷霹雳火箭炮的、放火烧汽油库的、抢冲锋枪的以及劫狱的 10 个同伙，一个不少的都在舱内。

X 探长登上渔船，叫大头参谋长和炮兵团长把他送到对岸，因为有新的侦破任务在等待着他。

“再见，X 探长！”小胡子将军向站在渔船上的 X 探长招手。

“再见，小胡子将军！”

渔船向对岸驶去……

2. X探长和π司令

敲诈司令

著名的大侦探——X探长，2010年在和平城帮助小胡子将军一连破了几桩大案，一晃好多年过去了，探长一直没露面。他干什么去了？研究数学。X探长本人是位数学家，侦破案件只不过是他的业余爱好。

和平城过了几年平静的生活，最近又出大事了。一个国际犯罪集团钻进了这座城市，这个暴力组织专门从事贩毒、绑架、凶杀等犯罪活动。他们发现和平城由于长年太平无事，治安管理很松，是个理想的避风港，就把暴力组织的总部搬进了城里，和平城从此失去了和平！

前几天，和平城城防司令小胡子将军的儿子突然失踪，大家到处寻找都不见踪迹，小胡子将军急得要死。忽然，他接到一封匿名信，信上写道：

尊敬的小胡子将军：

贵公子在我们的严密保护之下。3天内只要你交出 *abcde* 元钱，我们定将贵公子送还。否则，后果自负。

驻和平城司令官

π

小胡子将军的胡子向上一翘，“啪”地拍了一下桌子：“岂有此理，这群坏蛋竟敲诈到我的头上啦！传我的命令，开紧急军事会议。”

不一会儿，大头参谋长、炮兵团长、警察局的眼镜局长相继来到司令部，军事会议开始了。大家传看了这封匿名信后，开始议论。

眼镜局长摇了摇头，又扶了一下眼镜说：“驻和平城的司令官历来是小胡子将军，这里怎么冒出个π司令来?”

“π是什么数? π是无理数。他自称π司令，也就承认是不讲道理的司令，这不是坏蛋又会是谁?”大头参谋长发表了自己的见解。

炮兵团长着急地说：“救出司令的儿子是当务之急，咱们赶紧把钱数算出来吧!”

“这 *abcde* 元是多少呢?”大头参谋长把信纸翻过来，看到后面还有几行字：

$$1abcde \times 3 = abcde1$$

交钱地点：和平城第某条大街某号。其中大街的序数和下面问题中乞丐数相同；门牌号和我每天发出的钱数(单位为分)相同。

我很有钱，在穷人城时许多乞丐向我乞讨，我每天拿出一定数目的钱施舍给他们。如果我给每个乞丐7元钱，还剩24元；要是给每个乞丐9元钱，就差32元。

眼镜局长看过这几行字后说："我会算钱数。我用推算的方法来算：由于 a、b、c、d、e 都是整数，可以先从 $1abcde$ 的最右边一位考虑。$e\times3$ 的个位数为 1，可以肯定 $e=7$，因为除了 7 别的整数都做不到这一点。"

小胡子将军点点头说："警察局长说得有理，快往下算！"

"好的。"眼镜局长显得有些激动，他接着说："$e=7$，由 $1abcd7\times3=abcd71$ 可推出 $d=5$。同样道理可知 $c=8$，$b=2$，$a=4$。我算出来啦！他要敲诈咱们司令 42857 元钱。"

小胡子将军站起来拍了拍眼镜局长的肩头说："很好。局长的数学大有进步！"

炮兵团长却说："算倒是算对了，只是算得笨。"

眼镜局长不服气，他说："我算得笨？你给我来个巧的！"

"我设 $abcde$ 为 x。"炮兵团长在桌子上写了一个很大的 x。

"啊，X 探长，那位伟大的数学家，那位出色的大侦探，我的老朋友！"小胡子将军一听到"x"，就想起了 X 探长，立刻激动不已。

炮兵团长继续往下算："$1abcde=100000+x$，而 $abcde1=10x+1$。根据信纸上所说的条件，可列出方程：

$$3(100000+x)=10x+1。$$

展开整理，得

$$300000+3x=10x+1,$$

$$7x=299999,$$

$$x=42857。$$

只解一个方程就全算出来了。"

眼镜局长点了点头说："嗯，还是用方程解简单。你能把交钱的地点也用方程解出来吗？"

"这个容易。"炮兵团长信心十足地说，"设有 x 个乞丐，$7x+24$ 等于坏蛋每天拿出的钱数，而 $9x-32$ 也等于他每天拿出的钱数，这两个钱数相等，可列出方程：

$$7x+24=9x-32,$$

$$2x=56,$$

$$x=28。$$

$$7\times28+24=220。$$

共有 28 名乞丐，他每天拿出 220 元钱给乞丐。”

眼镜局长双手一拍说：“好极啦！交钱地点也算出来了，在第 28 条大街 220 号。咱们马上行动，把他们一网打尽！”

小胡子将军此时却十分冷静，他一言不发，来回踱着方步。突然他停住脚步，摆摆手说：“这个外号叫 π 的人是国际暴力组织的头头。他绑架我儿子绝不会单单为了要走 4 万多元钱，恐怕这后面还会有更大的阴谋。”

眼镜局长忙问：“咱们应该怎么办？”

“必须把 X 探长请来。只有他才有足够的智力斗垮这个暴力组织。参谋长，立即去请 X 探长！”

“是！”大头参谋长答应一声，立即出发。没过多久，大头参谋长就把 X 探长请来了。X 探长听完情况介绍后笑笑说：“我要亲自和这位 π 司令较量一下。”

咖啡馆里

早晨正是上班的时间。在和平城第 28 条大街上，人们都急匆匆地走着，只有一个人与众不同。他中等个头，身穿一件蓝色风衣，戴着一副变色镜，头戴一顶软帽，口中叼着一个大号的烟斗，看年纪有 50 多岁。他一个人在大街上悠然自得地走着，边走边吸烟，好像在遛弯儿。当走到 220 号时，他推门进去了。

220号是一家咖啡店，喝咖啡的人寥寥无几。叼烟斗的人找到一个空位子坐下，要了一杯咖啡。他不急于喝，而是逐个观察喝咖啡的顾客。看完了顾客又观察店里的服务员和店主，之后，他微微一笑，端起杯子走到一个高个子青年身旁坐了下来。

这个50多岁叼烟斗的人正是X探长。X探长慢悠悠地对高个青年说："你们π司令要的钱我带来了，小胡子将军的公子呢?"

高个青年吃了一惊："您在说什么呀? 什么钱哪，人哪，我听不懂!"

X探长微微一笑说："这你可瞒不了我，你这儿有标记。"说完用手指了一下高个青年的手臂，原来他手臂上刺着把战刀。

"你是战刀支队的，武艺准不错。"X探长吸了一口烟，"你们π司令领导着4个支队，战刀支队专搞武斗，假面支队负责外交，毒蛇支队管暗杀、绑架，鼹鼠支队是一群'梁上君子'，是偷窃、搞情报的好手。"

高个子青年吃惊地看着X探长，掏出一张纸条，放到X探长的面前，说了声："不见不散!"起身走了。只见一个脑袋很大的顾客跟着他走了出去。这个大脑袋顾客不是别人，正是大头参谋长，他负责跟踪高个子青年。

X探长见纸条上写着:

用边长为12厘米的正方形，叠一个无盖纸盒。下面画了4张图，从中选出一个容积最大的，按它的尺寸叠成纸盒，把钱放进纸盒里。

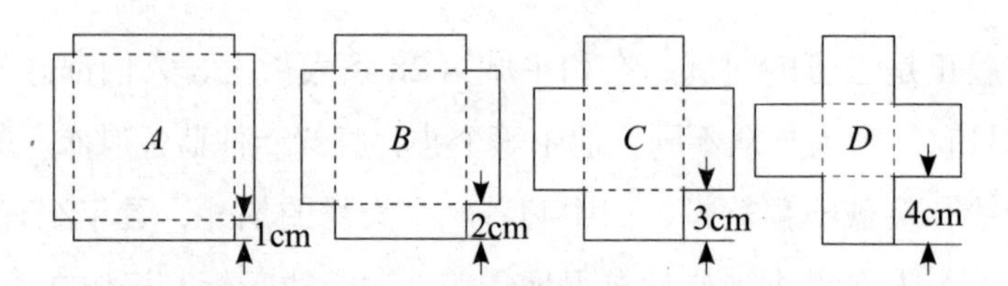

送钱人拿着纸盒，按约定时间把钱送到10路汽车终点站，

一手交钱一手交人。送钱人明天上午 8 点钟骑自行车，从 10 路汽车起点站出发。这时恰有一辆 10 路车返回起点站，在去终点站的路上，要遇到 10 辆迎面开来的 10 路汽车，到达终点时又有一辆 10 路车开出，这时恰好是约定时间，记住过时不候。

10 路汽车运行十分准时，每隔 5 分钟从起点和终点站对开出两辆车，全程要走 15 分钟。

“纸条上写的什么？”炮兵团长和眼镜局长走了过来，原来他俩也在这里装作喝咖啡。炮兵团长说：“问题好解决，把图中 4 个长方体的体积算出来就行了。长方体体积等于底面积乘高，底面积都是正方形。这 4 个盒子的容积依次为 10×10×1＝100、8×8×2＝128、6×6×3＝108、4×4×4＝64。显然是 *B* 盒容积大。”

X 探长点点头说：“正确。第二个问题呢？”

“这个题目太长，不知道从哪儿下手啊！”炮兵团长用手一个劲儿地摸脑袋。

X 探长伸出一个手指头问：“15 分钟可以走完全程，在起点站遇到的 10 路车是多少分钟前从终点站发出来的？”

“当然是 15 分钟前喽！”

X 探长又伸出一个手指头问：“按纸条上的条件，送钱人从起点站到终点站总共要遇到多少辆车？送钱人从起点站骑车出发，这时第几辆车同时从终点站开出？”

“总共遇到 12 辆 10 路汽车。嗯……5 分钟开出一辆车，应该是第 4 辆车开出终点站。”炮兵团长像小学生一样在回答。

X 探长点点头，伸出了第三个手指头：“送钱人路上所用时间，恰好等于第 4 辆到第 12 辆车发出的时间，5×8＝40（分钟）。你如果把这个问题分成 3 步来解决，就容易多了。”

“对。”炮兵团长自告奋勇地说，“我去送钱，您同意吗?”

“很好。你按B盒尺寸做好盒子，8点40分准时赶到10路车终点站，不见到公子，不能给他们钱盒。一定要保证孩子的安全!”X探长又让警察局长配合炮兵团长行动。

X探长走出咖啡馆，独自一人向前走去。走了一段，见到前面围着一大群人，还不断叫好。X探长踮着脚向里面一看，吃了一惊。只见大头参谋长和他跟踪的高个子青年正在中间打斗。

高个子青年是战刀支队的重要成员，武功十分了得，拳击、徒手搏斗、使刀耍棒样样精通。大头参谋长行伍出身，身体特棒，拳击、摔跤、武术全都在行。这两个打在一起，拳来脚去处处见功夫。行人不明真相，以为两个人在此卖艺，都站脚助威。

时间一长，高个青年显得有些体力不济，大头参谋长趁他喘息之时，一头向他撞去。大头参谋长的头功非常厉害，这一头正撞在高个青年的胸口上，把他撞出数米远，踉踉跄跄地差一点摔倒在地。观众一阵叫好。高个青年目露凶光，他偷偷地解下围在腰上的刀子，准备下毒手。此时，大头参谋长正得意扬扬，一低头又朝高个青年胸前撞去，高个青年举刀对准大头参谋长的大头。在这万分危急的时刻，只见已进入场中的X探长将手中的烟斗一扬……

互设陷阱

大头参谋长在和高个子青年的搏斗中占了上风。他低头正准备朝高个子青年撞去，高个青年把刀子对准了他的头……在这万分紧急的时刻，X探长把手中的烟斗一扬，一团正燃烧的烟丝正好落在高个青年的手上，烫得高个青年“哎哟”直叫，“当啷”一声把刀子扔在了地上。说时迟那时快，大头参谋长的头就到了。“砰”的一声撞到高个青年的胸上，“扑通”高个青年摔倒在地。他顾不得胸口疼痛，捡起刀子撒腿就跑。大头参谋长哪肯轻易放过他，喊了声：“你往哪里跑!”飞身追了上去。

X 探长在烟斗里重新添上烟丝，用打火机点燃，猛吸一口，又悠然自得地沿街散步。

第二天上午，10 路汽车终点站，有许多人在排队等车。8 点 40 分刚到，只见一个人骑着自行车赶到，此人正是炮兵团长。他从口袋里掏出一个纸盒，纸盒里装满了钱。他拿着这个纸盒在车站里来回走动，许多人惊奇地看着他。

半天没人理他，炮兵团长忍不住喊道：“一手交钱，一手交人。”车站上的人都用惊奇的眼神看着他，以为他是个疯子。这时一位老人拄着拐杖走了过来，颤颤巍巍地说：“有个小伙子让我交给你一张纸条。”

炮兵团长问：“这个小伙子长得什么样?”

老人回答：“中等个儿，浓眉大眼，长得挺帅气。人也挺大方，让我给你送张纸条，就给了我 50 元钱。”说着老人拿出一张纸条交给炮兵团长。

只见纸条上写着：

顺着 10 路汽车终点站往回走，在第一个车站的电线杆上贴有一张黄色的寻人启事，按启事上说的接头。

炮兵团长掉头就走，飞快地赶到了 10 路汽车第一站，在车站旁的电线杆上果然有一张黄色的寻人启事：

前天，我儿子在这里等车。有一个中等个子、浓眉大眼、挺帅气的青年约我儿子到一个非常好玩的地方去。我儿子从这里一直向正东走，先用每分钟 50 米的速度走 2 分钟后，觉得用这样的速度走要比约定时间晚到 8 分钟。他改用每分钟 60

米的速度前进，结果早到了5分钟。谁料想，我儿子进去以后，再也没出来。

我儿子曾来过一封信，信中说好玩的地方门口挂着一个铁盒子，如果能把一个合适的纸盒放进去，就会听到他的声音。

谁能帮我找到儿子，必有重赏！

小胡子将军

“啪！”炮兵团长朝电线杆子猛击了一掌。

“欺人太甚！竟用寻人启事戏弄小胡子将军。”炮兵团长冷静了一下，他想：必须把这个地方找到，救出小胡子将军的儿子。看来，不计算是不成的。

炮兵团长善于使用方程。他先设从电线杆到好玩的地方的距离为x。只有找到等量关系才能列出一个等式，得到方程，炮兵团长想了一下，决定用约定的时间作为列等式的依据。用每分钟50米的速度前进，如果少走50×8=400（米）的话，他能按时赶到。约定时间应为：

$$\frac{x-50\times 8}{50}。$$

走了2分钟后，路程剩下$(x-50\times 2)$米，此时用每分钟60米速度前进，如果多走60×5=300（米）的话，也能按时赶到。约定时间应为：

$$\frac{(x-50\times 2)+60\times 5}{60}+2。$$

由于约定时间为同一个，所以列出方程：

$$\frac{x-50\times 8}{50}=\frac{(x-50\times 2)+60\times 5}{60}+2,$$

化简得

$$\frac{x-400}{50}=\frac{x+200}{60}+2,$$

$$6x-2400=5x+1000+600,$$

$$x=4000。$$

炮兵团长拿出微型无线电话向X探长汇报。X探长指示立即去寻找那个“好玩的地方”。

炮兵团长骑着自行车一直往正东走，估计走了4000米时，放慢了速度，边走边寻找。他左顾右盼，终于在一座高楼的地下室门口看到了一个铁盒。炮兵团长急忙把手中的纸盒放了进去，嘿，不大不小正合适。

突然，从地下室传出了孩子的叫声：“快来救救我！快来救救我！”炮兵团长一愣，心想这一定是小胡子将军的儿子的声音。他大喊道：“孩子别着急，我来救你！”说完“当”的一脚踢开了地下室的门冲了进去。里面窗户都用黑布遮着，暗得很。炮兵团长下意识地拔出手枪，边向前摸索边问：“孩子，孩子，你在哪儿?”他听到前面又有人喊：“快来救救我！快来救救我！”炮兵团长走到一个窗前一把扯下了黑布，屋里哪有什么孩子，只见一台收音机不断发出呼救的声音。

炮兵团长一拍大腿：“上当啦！”

在炮兵团长跑进地下室的同时，门口的铁盒顺着一根铁丝向楼上升去，当升到12楼时，从窗户伸出一只手，迅速地将纸盒拿了进去。一个中等个子、浓眉大眼的帅气小伙子看到盒里的钱非常高兴。当他得意地往下翻时，发现下面全是一捆一捆的白纸，他失声叫道：“啊，上当啦！”

下面传来喊话声：“12层的朋友，你已经被包围了，赶快投降吧！”

这个帅气的小伙子向下一看，下面全是武装警察，警察局长正拿着喇叭向上喊话呢！

小伙子不服地向下大声喊叫：“我能出去，你们别想抓住我！可是关在地下室的那个人，怕是活不了多久啦！哈哈……”

“啊！”警察局长吃了一惊。

“鼹鼠”在哪儿

一辆黑色汽车飞速赶到，大头参谋长押着他跟踪的那个青年下了汽车，X 探长依旧坐在汽车里。

大头参谋长递给那个青年一架望远镜说：“螳螂，你看看 12 楼那个人是谁呀?”

原来这个高个青年外号叫“螳螂”。他长得又瘦又高，外形像螳螂。另外，据说他会打一手漂亮的螳螂拳，所以得到这个外号。

“螳螂”用望远镜一看，说：“那个帅气小伙儿是我们的 π 司令。”

“是他!”大头参谋长把大嘴一咧说，“哈！整个楼被我们包围了，你们的 π 司令跑不了啦!”

“螳螂”把嘴一撇说，“想抓住他？哼，能抓住我们 π 司令的人，恐怕还没生出来呢!”

此时，地下室突然冒出了火舌，炮兵团长在地下室大喊：“救命!”他的呼喊声和收音机里放出来的小胡子儿子的呼救声此起彼伏，使人感到惊心动魄。

大家冲了上去想把炮兵团长救出来，无奈门打不开，窗上都有铁棍，这可怎么办？ X 探长走下汽车，听到炮兵团长在用力砸门，他找到一扇离门最远的窗户，从警察身上摘下一颗手榴弹，照着窗户扔去，“轰隆”一声，铁棍被炸断了好几根。大头参谋长从炸坏的窗户钻了进去，把炮兵团长救了出来。

眼镜局长问“螳螂”：“你们把小胡子将军的公子藏到哪儿去啦?”

“骗走孩子，把孩子藏起来，那是鼹鼠支队干的事。我们战刀支队哪里知道?”“螳螂”满不在乎地说，“你们或者去找鼹鼠支队头头，或者把 π 司令抓到，反正我是不知道孩子在哪儿!”

X 探长走近“螳螂”，用力吸了一口烟问：“鼹鼠支队在哪儿，你不会不知道吧?”

“螳螂”深知X探长烟斗的厉害，赶紧说：“我没去过鼹鼠支队，不过我知道地址。”说着他在地上画了9个圆圈，又用线段把它们连接上。

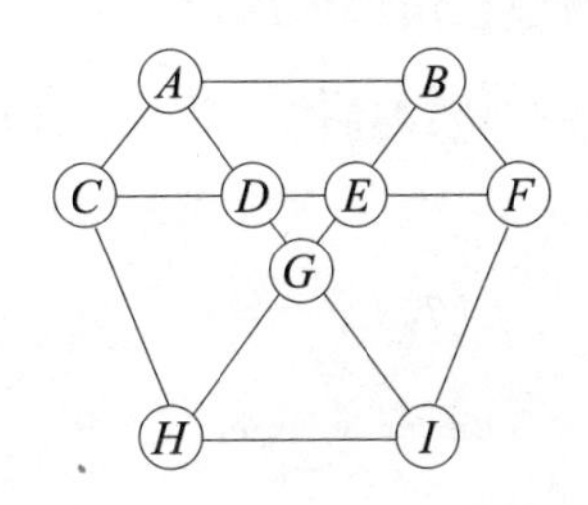

“螳螂”指着图说：“这9个圆圈表示和平城市中心的9幢高楼。这里面包含着3个小等腰三角形△*ACD*、△*BEF*、△*DEG*和4个大三角形△*AGB*、△*CEH*、△*DFI*和△*GHI*。在这7个三角形中，藏着7个独立支队。每个支队的总人数相等。”

大头参谋长不耐烦地说：“鼹鼠支队的头头在哪幢楼里？快说呀!”

“螳螂”为难地说：“具体在哪儿我也不清楚，反正在这9幢楼里分别藏有1至9个人。鼹鼠支队的头头就藏在住着6个人的楼里。”

大头参谋长把眼一瞪，对“螳螂”喊道：“你是成心要弄我们是不是?这么多楼叫我们怎么找呀?”

“螳螂”也不示弱：“不会你们就别想找到鼹鼠支队头头。”

X探长走过来看了看地上的图，然后在图的旁边画了个3×3的方格，在方格中填上1到9这九个自然数。

X探长指着方格说：“这个图是中国古代著名的九宫图。这个图的特点是，横着的3个数相加、竖着的3个数相加、沿两条对角线的3个数相加，其和都得15。”

4	9	2
3	5	7
8	1	6

“九宫图，有意思。”大头参谋长很感兴趣。

X探长微笑着说：“我就要用这个九宫图来揭开9

幢楼之谜。我把横着看的3组数4、9、2；3、5、7；8、1、6分别填进△*BEF*、△*ACD*、△*GHI*的顶点，不过在填的时候，还要照顾到其他3个大三角形的顶点，使它们恰好是竖着看的3组数：4、3、8；9、5、1；2、7、6。最后位于中心的小三角形顶点，恰好是一条对角线上的数4、5、6。这样一来，7个三角形顶点上数字之和全都等于15。”说完他就把数字迅速填进圆圈中。

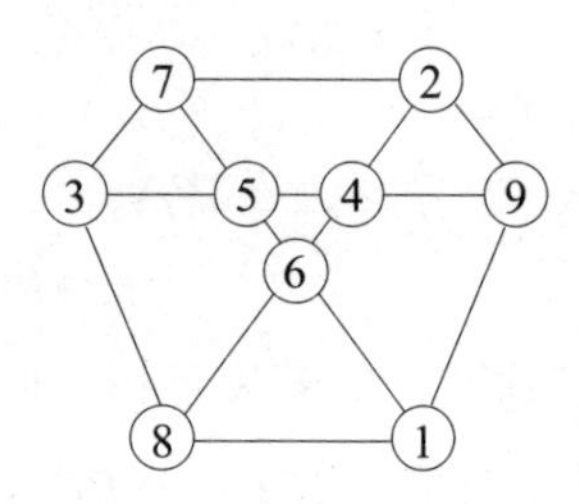

接着他又盯着“螳螂”说：“你好狡猾啊！我知道，满足你说的条件的填法可不止这一种，鼹鼠支队头头可能经常转移，但是我已经做好了准备，先在这幢楼里下手。抓不到再找下一幢楼。”

“好，鼹鼠支队头头现在可能在正中间这幢楼里。咱们快去，给它来个连窝端。”大头参谋长有些按捺不住内心的激动。

X探长分配任务：“警察局长与炮兵团长带领警察部队，冲进这座楼捉拿π司令！我和大头参谋长带领一排士兵去围剿鼹鼠支队，救出小胡子将军的公子！”

大头参谋长押着“螳螂”钻进汽车，X探长也坐进汽车。汽车直奔市中心驶去，十几辆摩托车一字排开紧跟其后，摩托车上坐的是全副武装的士兵。

话分两头，先说警察局长围剿π司令。他派50名警察把楼团团围住，又组织4队警察，每队10人由4个楼口冲进去直奔12楼，警察分头行动。炮兵团长和警察局长进了2号门，发现有电梯，二人乘电梯直扑12楼，找到了π司令所在的房间。二人迅速掏出手枪，悄悄靠近门，突然从屋里传出阵阵的吉他声，接着是男低音的歌声：

> 亲爱的朋友你来猜，世界上的大笨蛋有几个？它等于一分之一加上二分之一，加上四分之一，加上七分之一，加上十四分之一，加上二十八分之一。

炮兵团长回头对警察局长说："这歌声还真奇怪，莫非是个暗号。你算算有几个大笨蛋。"

"好的。"警察局长列了个算式：

$$\frac{1}{1}+\frac{1}{2}+\frac{1}{4}+\frac{1}{7}+\frac{1}{14}+\frac{1}{28}=2。$$

警察局长扶了一下眼镜说："结果等于 2。"

"啊！2 个大笨蛋，这分明指的是你和我嘛！真可气，冲进去！"炮兵团长拉开门就往里冲。

"轰"的一声，一枚炸弹在门口爆炸了，炮兵团长大喊一声："没命啦！"

秘密通道

炮兵团长用力一拉门，一枚炸弹爆炸，幸亏眼镜局长眼明手快，迅速把炮兵团长按倒在地，才没有受到伤害。两人趁硝烟未散，快速冲进屋里。

"不许动！举起手来！"两个人举着枪在屋里转了一圈儿，连个人影都没看见。一阵急促的脚步声从楼梯上传来，警察也赶到了，他们把屋里上上下下搜了个遍，哪里有 π 司令。

警察局长用鼻子使劲闻了两下，炮兵团长问："你闻到什么啦？"

"香烟的气味。"警察局长说着从烟缸里拿出半支还在燃烧的香烟，他用鼻子闻了闻说："π 司令刚刚还在这里吸烟，他没走远。"

炮兵团长认真思考了一下说："这么说，这屋里有暗道或夹壁墙了。大家认真搜一下，看看墙壁和地板有没有问题。"

警察们又敲墙壁又跺地板，折腾了好一阵，还是什么也没发现。炮兵团长无意中看了一眼挂在墙上的钟，钟是停止不走的，时针和分针正好重合。钟的下方写着一行很小的字：

开，顺拨$32\frac{8}{11}$分。

炮兵团长指着钟问："眼镜局长，钟下方写的那行小字，是什么意思？"

警察局长走近几步，把眼镜向上扶了扶认真看了看，他伸手把钟罩打开，摇摇头说："显然不是指打开钟罩这件事。我来拨拨分针看。"

"慢！"炮兵团长急忙拦住，"如果随意去拨，弄不好又会有炸弹爆炸！"

"你的意思呢？"

炮兵团长十分谨慎地说："还是先算算，看看顺拨$32\frac{8}{11}$分把分针拨到什么位置。我估计是拨到时针和分针在一条直线上。"

警察局长出了个好主意，他说："为了计算方便，你不妨先假设把分针拨成与时针位于同一条直线，算一算要拨过多少分，如果算出来恰好是$32\frac{8}{11}$分，你的估计就对啦！"

"说得对！"炮兵团长动手计算，"假设时针和分针成一条直线，需要顺拨x分。这时分针在表盘上转过了x分的刻度。时针和分针的关系是，分针转动60分，时针转动1小时，即时针在表盘上转过了5分钟的刻度。现在分针转动了x分，时针转动$\frac{x}{12}$分。

两针成一条直线，相差30分，可列方程：

$$x-\frac{x}{12}=30,$$

$$x=32\frac{8}{11}。$$

哈，对啦！就是拨成一条直线。”

炮兵团长小心翼翼地把分针拨成与时针位于同一条直线，钟内发出一阵悦耳的音乐声，接着“哗啦”一声，屋顶露出一个大洞，从洞口下来一副软梯。

“啊呀！”炮兵团长一跺脚，“我只考虑墙和地面会不会有机关暗道，没想到秘密藏在屋顶上！”

警察局长一招手说：“上！”警察顺着软梯爬上了屋顶，上面是个大平台。见到一个人坐在平台的石凳上看书。警察把枪对准这个人，喊道：“不许动，把手举起来！”此人不理，仍旧坐在那儿看书，一个警察跑了过去，用手去推这个人。

“不能推，小心炸弹！”炮兵团长大声疾呼，可是晚了一步，这个人身子一歪，“轰隆”一声，一颗炸弹爆炸了。这个警察还算训练有素，赶紧趴在地上，但身上已负伤多处，好在没有生命危险。警察局长叫人把受伤的警察抬下去急救。

炮兵团长走近石凳，发现石凳上写有字：

炮兵团长、警察局长阁下：

你们用重兵把楼围了个严严实实，但是我还是走了。追我并不难，只要数学好就成。我是沿着一条秘密通道离开这座楼的。通道的位置从石凳开始向西数 x 块方砖。这 x 是我口袋里的金币数。这些金币取出一半外加 1 枚给小胡子将军，把口袋中剩下金币的一半外加 1 枚给警察局长，再把口袋中剩下的一半外加 3 枚给炮兵团长，我口袋里的钱就被你们分光了。

有能耐的，就来追我！

π 司令

“太可恨！把我们 3 个看成要小钱的了！我非抓住他不可。”炮兵团长在本子上边写边说，“设他口袋里有 x 枚金币。给小胡子将军 $\frac{x}{2}+1$ 枚，口袋里剩下 $x-(\frac{x}{2}+1)=\frac{x}{2}-1$ 枚；给警察局长 $\frac{\frac{x}{2}-1}{2}+1=\frac{x}{4}+\frac{1}{2}$ 枚，口袋里剩下 $(\frac{x}{2}-1)-(\frac{x}{4}+\frac{1}{2})=\frac{x}{4}-\frac{3}{2}$ 枚；给我 $\frac{\frac{x}{4}-\frac{3}{2}}{2}+3=\frac{x}{8}+\frac{9}{4}$ 枚，剩下 0 枚。可得方程：

$$(\frac{x}{4}-\frac{3}{2})-(\frac{x}{8}+\frac{9}{4})=0,$$

$$\frac{x}{8}-\frac{15}{4}=0,$$

$$x=30\ (\text{枚})。$$

算出来啦！他口袋里有 30 枚金币。”

警察局长摇摇头说：“我说炮兵团长，就算用方程解题是你的拿手好戏，你也不能什么题都用方程来解呀！这道题非常容易解。”

炮兵团长一愣，说：“你有什么简便解法?”

“用反推法呀!”警察局长说，“最后给你一半外加 3 枚就把全部分完，这说明实际分给你 6 枚；分给我的是一半外加 1 枚，这时的一半就是 6+1=7（枚），他口袋里有 7×2=14（枚）；分给小胡子将军一半加 1 枚，这时的一半是 14+1=15（枚），他口袋里原有 15×2=30（枚）。”

“确实比我算得简单。应该向正西数 30 块方砖。1、2、3……”炮兵团长数完了 30 块方砖，发现前面有一个直通底层的通风道，炮兵团长往下一看，黑乎乎的，深不见底。

炮兵团长要找根绳子，顺着绳子下去。警察局长阻拦说：“算了吧，下去十分危险！我们和这位 π 司令肯定还会见面的。”

打开铁门

话说 X 探长与大头参谋长押着外号叫“螳螂”的匪徒，在十几辆摩托车的护送下，浩浩荡荡直向市中心驰去。

到达鼹鼠支队所在的大楼，大头参谋长先下令将大楼团团围住，然后问 X 探长：“搜查哪一层楼?”

X 探长手往下一指：“搜查地下室!”

“地下室?”大头参谋长用手一拍脑袋说，“噢，我明白了，鼹鼠是在地下活动的。一班跟我去搜查地下室。”8 名士兵端着枪跟在大头参谋长后面直奔地下室。

地下室的大铁门紧紧关着，看来鼹鼠支队早有防备。大头参谋长用手敲了敲铁门，铁门很厚，想撞开或砸开是不容易的。怎么办? 何不找看门人来问问。

看门老人说：“住在地下室的这群人非常神秘，白天睡觉，晚上出来。开这扇铁门没见他们用钥匙，而是用手指在铁门上画个什么图，铁门就自动打开了。”

大头参谋长忙问：“你没看见他们画的是什么图?”

看门老人拉着大头参谋长的手走近铁门，指着铁门上几个很不显眼的花纹说：“这些图都在门上，至于他们每次画哪个我可不知道。他们当中有个外号叫‘胖鼠’的小矮胖子告诉我，画的时候从一点出发，手不能离开铁门，画时不能有重复，一笔画回原来的出发点。”

“这儿有 4 个图形，可是画哪个不知道啊!”大头参谋长一个劲儿地挠脑袋，他一跺脚说，“干脆，我把每个图都画一遍试试。”

看门老人赶紧把大头参谋长拦住：“使不得，使不得！‘胖鼠’说过，如果画错了图，或者被电死，或者被冷枪打死，或者脚下爆炸被炸死，这事可试验不得呀!”

大头参谋长两手一摊：“没办法，只好请X探长来看看吧！”

X探长走近铁门仔细观看门上的4个图案，然后说：“你别看第四个图案最复杂，只有它从A点出发，才能一笔画出来。”

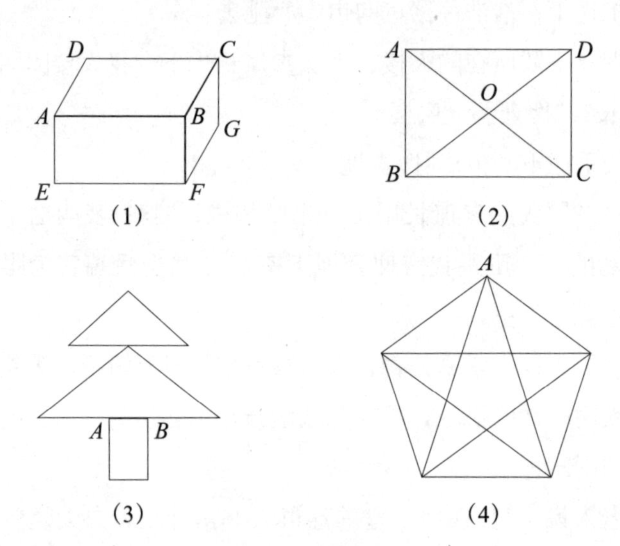

大头参谋长不明白，忙问：“这是什么道理呀?”

X探长指着图说：“这些图都是由点和线组成的。一个图能不能一笔画出来，是由点的性质决定的。”

“这些点不都一样吗?”大头参谋长还是不明白。

“不一样。像第一个图中的D、G、E点，从每个点都引出两条线，把它们叫作偶点；而第一个图中的A、B、C、F点都引出三条线，把它们叫作奇点。当一个图中没奇点时，它可以一笔画出，并且从哪个点开始画，最后还会回到那个点；当图中有2个奇点时，也可以一笔画出，但是回不到出发的点了；当图中奇点个数多于2个时，不可能一笔画出。”X探长把道理讲了一遍。

看门老人提了一个问题：“如果只有1个奇点会怎么样呢?”

“哈哈。”X探长笑着拍了拍看门老人，“您考虑得很周全，您要学数学一定能学好。1 个奇点的情况是不存在的。”

大头参谋长把 4 个图中奇点数都数了一下，说：“它们的奇点数分别是 4 个、4 个、2 个和 0 个，只能画第四个图。”他从 A 点开始，用手指一笔又画回到 A 点。

只听“咯咯”一阵响，大铁门打开了。大头参谋长率先冲了进去，屋里有两名匪徒在看押小胡子将军的儿子。匪徒还没弄清怎么回事，忙问：“你们是什么人？怎么进来的？”

大头参谋长平举起手枪，厉声喝道：“我们是城防司令部的，举起手来，你们被捕了！”

两名匪徒听说是城防司令部的，立刻掏枪抵抗，与此同时一名匪徒按了一下墙上的红色电钮。大头参谋长一枪打倒了那名匪徒，另一名匪徒被两名士兵活捉了。就在他们搏斗的那一瞬间，小胡子将军的儿子尖叫一声，他脚下的地板突然开了一个口子，他顺着口子掉了下去。

“啊！”大头参谋长俯身想救，地板的口一下子又关上了。大头参谋长回头问 X 探长：“他掉下去了，怎么办？”

X 探长一指刚刚捉到的匪徒，说：“问问他，他一定会知道。”

大头参谋长立刻审讯这名匪徒。匪徒说下面是个与地下污水相通的秘密水牢，人待在里面最多一天就要死亡。这可怎么办？大头参谋长急得团团转。

X 探长叫人找来一根绳子和一根铁棍，他用手按了一下墙上的电钮，地板又开了一个口子。X 探长赶紧用铁棍把口子顶上，大家往下面一看，小胡子将军的儿子正站在齐腰深的水里哭泣。大头参谋长用绳子拴住腰跳了下去，把孩子救了上来。

死亡宴会

在城防司令部里，小胡子将军因儿子得救，设宴招待X探长，大家都来作陪。

警察局长十分兴奋，站起来说："我们救回司令的公子，也没给他们42857元的赎身费；我们打死了一个匪徒，活捉了两个；还差一点抓住匪首π司令。我们取得了决定性的胜利。"

X探长很平静地说："不，我们只是刚刚和他们接触，暴力集团的主力还没亮相哪！"

"报告！"一名士兵走了进来，把一个漂亮的礼品盒放到X探长面前说，"有一位绅士让我把这个礼品盒亲自交给您，祝贺您救出了司令的公子。"

X探长笑眯眯地说了声："谢谢！"然后端起盒子仔细地看了看，又认真地听了听。X探长拿出他那大号烟斗，点上一袋烟说："这么珍贵的礼物本人不敢独享，大家都来见识见识吧。"说完解开红绸带，刚一打开盒盖，一条"黑眉蝮蛇"蹿了出来，直奔X探长。探长早有准备，用手中的烟斗猛然一击，正好击中蛇的头部，把蛇打死了。这一切进行得如此迅速，把在座的人都看呆了。

X探长笑了笑说："这是毒蛇支队送给我的礼物，我想不会就这么一件吧。"说着，他从礼品盒里拿出一张很漂亮的请柬，上面写着：

尊敬的X探长：

请您赴死亡宴会，地点仍在第28条大街220号，至于时间嘛，只好请您算一算啦。现在是下午4点，我在宴会厅里同时点亮了两支等长的蜡烛，其中一支6小时可以烧完，另一支4小时可以烧完。当一支蜡烛的长度是另一支2倍的时候，是死亡宴会开始的时刻。我们毒蛇支队的成员全部作陪，过时不候，早来也不受欢迎。

恭候

大驾光临

毒蛇

在座的几个人把这个请柬传看了一遍。炮兵团长站起来说：“这是个阴谋！他们设好圈套要置X探长于死地，我们不能自投罗网！”

“对，对，不能去参加这个死亡宴会！”警察局长也赞同炮兵团长的意见。小胡子将军坐在那儿一言不发。

X探长笑着对小胡子将军说：“将军，您的意见呢？”

小胡子将军理了一下胡子：“不去参加宴会表示我们胆怯不敢应战。这样做无疑是长了他们的志气，灭了我们的威风！”

X探长笑着吸了一口烟。

小胡子将军站起来说：“这也是消灭他们的绝好机会。不过我们在明处，他们在暗处，找他们可不容易呀！至于危险嘛……X探长会有办法对付他们的。”

X探长点点头说：“我完全同意将军的意见，不入虎穴，焉得虎子！我算算赴宴的具体时间：设所需时间为x小时。又设蜡烛的长度为1，甲蜡烛每小时烧掉它长度的$\frac{1}{6}$，x小时烧掉$\frac{x}{6}$，剩下$1-\frac{x}{6}$；乙蜡烛每小时烧掉它长度的$\frac{1}{4}$，x小时烧掉$\frac{x}{4}$，剩下$1-\frac{x}{4}$。经过x小时，甲的长度是乙的2倍，可列出方程：

$$1-\frac{x}{6}=2\left(1-\frac{x}{4}\right),$$

$$\frac{6-x}{6}=\frac{2(4-x)}{4},$$

$$x=3。$$

需要3小时。4加3等于7，他们约我晚上7点去参加死亡宴会。很好，7点正是吃晚饭的时候，我的肚子也该饿了。”

警察局长扶了一下眼镜说：“探长先生，太危险啦！我派几十名警察跟着您，以防万一。”

“几十名警察？那不把‘毒蛇’都吓跑了！”X探长笑了笑说，“大头参谋长、炮兵团长，你们两个跟着我去赴宴就足够了。”

小胡子将军皱了一下眉头说：“3个人去少了点。”

X探长说：“我审讯了被俘的2名匪徒，他们都说每个支队的人数不超过5个人，我们3人对付得了。”小胡子将军高兴地点了点头。然后X探长与大头参谋长、炮兵团长以及警察局长进行了详细研究，做了部署。

天渐渐黑了，在6点58分时，X探长叼着烟斗，只身出现在第28条大街上。时钟刚刚敲过7下，他推门走进220号咖啡馆。

正是吃晚饭的时间，屋里人很多。X探长用眼睛巡视了下，径直向最里面的一张桌子走去。这是一张不大的圆桌，旁边有5把椅子，坐着4个老头，他们都留着胡子。桌上摆了许多菜，两根蜡烛一长一短。X探长一屁股就坐在空着的椅子上，4个老头一齐把目光转向了他，目光中充满了惊奇和敌意。

“怎么，客人来了你们也不表示欢迎？我可是有正式请柬的。”X探长说着，掏出请柬放到了桌上。此时4个老头才如梦初醒，连忙站起来打招呼。

一个白胡子老头向门口看了看问：“就一个人来的？”

X探长冷笑了一声，说：“你们请柬上没说还请别人呀！”

白胡子老头点点头说：“对，对，请探长先生入座，酒菜都上来了，咱们边吃边谈。”

X探长坐下，慢吞吞地问：“既然是死亡宴会，就应该叫我死个明白。

请问怎么个死法呀?”

白胡子老头一指桌上装有不同颜色酒的玻璃杯说:“死神就藏在这些酒里!”

一杯毒酒

白胡子老头把桌子上的酒杯围着两支蜡烛摆成了一个圆圈。X探长一数，有13杯酒，其中有红酒、绿酒、黄酒、白酒，最引人注意的是由3种不同颜色构成的一杯鸡尾酒。

白胡子老头指着这些酒杯说:“这13杯酒中有12杯酒有毒，只有一杯是无毒好酒。这杯无毒酒的位置是这样的:先把这杯鸡尾酒倒掉，然后顺时针方向数，隔一杯倒掉一杯，最后剩下的那杯就是无毒酒。”

X探长端起那杯鸡尾酒说:“我开始倒啦!”

“慢!”白胡子老头赶快拦住说，“你不能真倒，你必须按我说的规则，直接拿起那杯无毒酒来，一次就得准确无误。给你1分钟考虑时间，拿对了算你有能耐，拿错了，死亡宴会胜利结束!”

X探长略微想了一下，从鸡尾酒那杯开始，顺时针数1、2、3……数到第10杯酒，他端起这杯酒一饮而尽，然后把酒杯扣向下表示滴酒没剩，并且说:“好酒啊!好酒。”说完坐在椅子上继续抽烟斗，一副泰然自若的样子。

过了有3分钟的样子，X探长笑眯眯地问白胡子老头:“酒的毒性什么时候才能发作呀?”

白胡子老头涨红了脸说:“你喝的这杯是无毒酒，若是毒酒，你早就命归西天啦!”

“真遗憾!就这么一杯无毒酒让我给蒙上啦!”X探长在一旁敲边鼓。

黑胡子老头坐不住了，站起来大声说道:“对，他很可能是蒙的，咱们再来一次，我去重新配酒。”

“慢！”X 探长拦住了黑胡子老头，“开宴会嘛，要宾主共饮才对。这次你只配一杯毒酒，其余都是好酒，还按刚才的老规矩，我挑一杯好酒还敬给你们怎么样？”

黑胡子老头咬咬牙说：“就依你啦！”

过了好久，在黑胡子老头指挥下，服务人员陆续端上 40 杯酒，围着桌子摆了一大圈。黑胡子老头指着唯一的一杯鸡尾酒说：“还是从这杯开始倒，隔一杯倒一杯，最后剩下的是那杯毒酒，请拿吧！”

X 探长站起来问：“我挑出一杯酒，你们哪位喝呀？”

“这个……”4 个老头你看看我，我看看你，谁也不说话。

“哈哈。”X 探长大笑两声说，“赫赫有名的毒蛇支队，连这点勇气都没有？”

一个留着花白胡子的老头说：“40 杯中只有 1 杯有毒，你选中的机会只有 $\frac{1}{40}$，我来喝！”

“好样的！”X 探长竖起了大拇指，然后他从装有鸡尾酒那杯开始，1、2、3……顺时针往下数，数到第 16 杯时停住了，端起这杯酒送到花白胡子面前说：“我敬你这一杯。”

黑胡子老头见状脸色陡变，连张几下嘴想说什么，但是没说出声来，他这么一犹豫，花白胡子老头一仰脖子把这杯酒送进了肚子，没过 1 分钟，花白胡子老头一捂肚子，大叫一声，“扑通”跌倒在地上，两腿一蹬，没气啦！

X 探长两手一拍：“瞧！害人不成反害己。请问，死亡宴会的下一个节目是什么？”

白胡子老头“唰”的一声亮出了手枪，黑胡子老头拔出了明晃晃的匕首，而留黄胡子的老头则从口袋里掏出一根尼龙绳。白胡子老头“嘿嘿”一阵冷笑，对 X 探长说：“这 3 种死法，你挑一种吧！”

X探长连连挥手说："使不得，使不得。刚喝了一杯酒，菜还没来得及吃一口就要我的命，这不对呀！"

吃饭的人一看这阵势，纷纷夺门而逃，咖啡馆里一阵大乱。3个老头拿着凶器一步步逼近X探长。在这危急时刻，装作顾客的大头参谋长和炮兵团长扑了上来，一个用枪顶住了白胡子老头的后背，喝道："把枪放下！"一个用枪对准黑胡子老头的太阳穴，命令他把匕首扔掉。

突然，躺在地上被"毒死"的花白胡子老头，从地上一跃而起，迅速掏出手枪顶住X探长的后腰，大声喊道："把枪都放下，不然的话我就开枪打死这个老家伙！"

X探长猛吸了一口烟，问："哎，你不是喝毒酒死了吗？"

"哼，我的伙伴怎么能毒死我呢？我是在做戏，傻瓜！把手举起来！"花白胡子老头用枪管使劲顶了一下X探长。

"好。我举手！"X探长双手举过头顶，而且胳膊伸得很直。只见他把右手烟斗一翻，一大块燃烧着的烟丝掉了下来，正好掉到了花白胡子老头拿枪的右手上，烫得他大叫一声，枪也掉在了地上。X探长回身用烟斗猛击花白胡子老头的头部，把他击倒，然后俯身把他的花白胡子摘了下来，说："该露露你们的真面目了。"大头参谋长把其他3个人的胡子也都摘了下来，原来他们是4个青年人。

大头参谋长非要X探长讲讲，他为什么拿无毒酒能百拿百中。X探长深知大头参谋长的脾气，在桌子上写了一个公式：

$$2^k+m。$$

X探长解释说："把排成圆圈的杯子数写成尽量大的2^k形式，多余的是m，那么最后剩下的杯子号必然是$2m$。比如13个，$13=2^3+5$，最后剩下的必然是$2\times5=10$（号）；如果是40个，$40=2^5+8$，最后剩下的必然是$2\times8=16$（号）。"

大头参谋长高兴地说："妙！"

准备决斗

在驻军司令部里，警察局长正掰着指头数着：“π司令的鼹鼠支队被我们消灭了，毒蛇支队也被我们连窝端了。现在还剩下战刀支队、假面支队和π司令本人了。”

大头参谋长插话说：“我和战刀支队中外号叫‘螳螂’的匪徒交过手，嘿，他还真有两下子！看来战刀支队不好对付。”

“假面支队从来没露过面，他们有些什么本事还搞不清楚。对假面支队要格外留神！”炮兵团长显得十分小心。

X探长吸了一口烟，踱了几步说：“擒贼先擒王，咱们还是要重点盯住那个π司令。”

大头参谋长站起来，着急地说：“π司令上次溜走以后，再也没有音讯，和平城这么大，咱们上哪儿找他去呢？”

X探长笑了笑说：“不要你去找他，他自然会来找你的。别忘了，这是一群亡命之徒！”X探长话声未落，一名士兵跑来报告说，有一名绅士要求见小胡子将军。

“绅士？”小胡子将军愣了一下，然后挥挥手说，“请他进来。”

只见一个身穿高级西装，戴着金框变色镜的青年人跟着士兵走了进来。他很有礼貌地向小胡子将军点了点头，微笑着说：“我是假面支队队长，π司令派我来和将军谈判。”

“谈判？”小胡子将军两眼一瞪问，“你不知道我们正在搜捕你们吗？你怎么敢自己送上门来？”

假面支队队长微笑着说：“两国交兵不斩来使。我想将军阁下不会干出这种不仗义的事。再说，我也是来者不善，善者不来。”说完他把西服上衣“啪”的一下打开，大家一看，不禁倒吸了一口凉气，只见他身上捆满了炸药。

假面支队队长哈哈大笑，他说："我身上全是烈性炸药，一旦我把它引爆，这个司令部就要从和平城的地图上抹掉了。"

X探长笑了笑说："年轻人，不要动肝火，把你要谈的条件说出来，咱们研究研究。"

假面支队队长点点头说："这还差不多。我是奉π司令之命和小胡子将军谈判决斗的事宜。"

"决斗？"小胡子将军站了起来，往前走了两步问，"咱们是一对一的单打独斗呢，还是拉开队伍打一场阵地战？"

假面支队队长耸耸肩，说："和你们正规军打阵地战？我们可不愿意拿鸡蛋往石头上撞！"

小胡子将军伸出一个手指头，问："要单打独斗？"

"不，不。"假面支队队长摇摇头说，"单打独斗，我们出来一个你们抓一个，我们可不那么傻！"

小胡子将军气得小胡子往上一撅，厉声问道："那怎么个决斗法？"

假面支队队长笑了笑说："你们人多，我们人少，你们在明处，我们在暗处，咱们就利用这些特点进行决斗。看，这就是第一场决斗。"说完，他抖开一张大纸，只见大纸上写着：

明天上午9点，在距市中心正东m米处，和炮兵团长决斗。不到就算自己认输！

炮兵团长听说假面支队点名和自己决斗，立刻挤到前面大声问："怎么着？要和我决斗，我正巴不得呢！上哪儿斗去？这m是多少？"

"莫着急嘛！"假面支队队长从口袋里掏出5张硬纸片摊在桌子上，上面分别写着0、1、4、7、9五个数字。他指着卡片说："从这5张卡片中取出4张，可以排成许多个四位数。把这些四位数中只能被3整除的数挑出来按照从小到大的顺序排列，第三个数就是m。"说完假面支队队长朝大家一招手，说了一声“炮兵团长，可别不敢去呀!”转身就走了。

小胡子将军站起来说：“好厉害的年轻人!”

炮兵团长气得脸色通红，拿起 5 张卡片说：“我来算算 *m* 等于多少，明天让他们知道知道我的厉害!”

“四位数首位不能是 0，最小的一个四位数是 1047，第二个是 1049……”炮兵团长刚说到这儿，被 X 探长打断了。

X 探长问：“1049 能被 3 整除吗?”

“这个……”炮兵团长想了一下说，“不能。因为 $0+1+4+9=14$，不是 3 的倍数，因此不能被 3 整除。看来，我只能先考虑由 0、1、4、7 组成的四位数了。”他依照从小到大的次序写出：

1047、1074、1407……

炮兵团长指着 1407 说：“*m* 就是它!”

第二天上午 8 点 59 分。距市中心正东 1407 米处是个小花园，花园里游人还不少。炮兵团长披挂整齐，身着崭新的黄绿色上校服，腰里带着手枪，左侧挎着战刀，迈着整齐的军人步伐走进了公园。对如此杀气腾腾的“游园者”，大家都侧目相望。

炮兵团长看了一下手表，大声叫道：“时间到了，决斗者快出来!”话声未落，只见一个黄澄澄的东西直奔他的胸前飞来，他躲闪不及，正中左胸，一时黄汤四溅，炮兵团长低头一看，原来是一个熟透了的大柿子，自己崭新的军装上到处都是柿子汁。

“呀!”炮兵团长气愤至极，掏出手枪大喊，“有胆量的，你站出来!”又一个柿子朝他面部打来，他一低头正巧把帽子给打掉了。

这次炮兵团长看清楚了，朝他扔柿子的不是别人，正是假面支队队长。

假面支队队长掉头就跑，炮兵团长大喊：“好小子，你往哪里跑!”

边喊边快速追了上去。

蜡像馆里

假面支队队长在前面跑，炮兵团长提着手枪在后面追。

假面支队队长三拐两拐就没影儿了。炮兵团长见前面有个蜡像馆，心想他准躲进馆里去了。炮兵团长侧身进了蜡像馆。蜡像馆有好几间陈列室，古今中外的名人蜡像一个个栩栩如生。

“假面支队队长会不会装作蜡像？”炮兵团长格外小心地一个蜡像一个蜡像地仔细查看。突然，他发现假面支队队长就站在蜡像之中。

“好小子，我看你往哪儿跑！”炮兵团长蹿上两步，用枪顶住假面支队队长的胸口。假面支队队长一动也不动，怎么回事？仔细一看，哟，这个假面支队队长竟是一个蜡人！炮兵团长知道上了当，气恼地要去砸蜡像，突然觉得后腰上被一支硬邦邦的枪管顶住。

“哈哈。”假面支队队长在后面得意地说，“炮兵团长，认输了吧？第一场决斗结束了。”

“你要弄阴谋诡计，不算真本事。有能耐咱们枪对枪、刀对刀地干一场！”炮兵团长心里一百个不服气。

“我们假面支队从来不枪对枪、刀对刀地蛮干，总是以智取胜。听说你和大头参谋长的数学都不错，我来考考你。如果你答对了，我就一枪送你上西天，少受罪；如果你答错了呢，我三枪才结束你的性命，让你多受点罪。你看怎么样呀？”假面支队队长阴阳怪气地说了一通。

“军人从来就不怕死，军人也从来不认输。你出题吧！”炮兵团长想拖延时间，等待救兵。他提出一个要求，“不过，我要把身体转过去。”

“可以。”假面支队队长把炮兵团长的手枪给下了，指挥刀也抽走，又把他身上搜了一遍，确信没有问题了，说：“你可以转过身来了。”

炮兵团长转身一看，站在身后拿着手枪的哪里是假面支队队长，是英国前首相“撒切尔夫人”。

“哈哈，认不出来了吧。我们假面支队的人都擅长化装，一人千面，变化无穷。”假面支队队长向后退了两步，他后面是英国另一位前首相丘吉尔的蜡像。

假面支队队长把手枪用食指挑着，在空中转了两圈说：“从前有一位国王给他的6个儿子出了一道题，他许愿说谁能答对这道题，谁将来就继承他的王位。我用国王出的这道题考考你，行吗?”

“少废话，快说题!”炮兵团长很不耐烦。”

“国王拿出一个小篮子说，如果我从装樱桃的小篮子里，先拿出1个给大王子，然后再把剩下的$\frac{1}{7}$分给大王子；给二王子2个，再把剩下的$\frac{1}{7}$分给二王子；给三王子3个，再把剩下的$\frac{1}{7}$分给三王子。最后把余下的樱桃平均分成3份，分给四王子、五王子、六王子，结果6个王子分得的樱桃一样多。问小篮子里原来有多少个樱桃?”假面支队队长慢悠悠地把题目说完。紧接着，他眼珠一转，又说道：“限你在三分钟内解出答案，否则就算答错了!”

炮兵团长把脖子一梗说：“拿这么容易的题来考我? 我用试验法就可以做出来：由于最后6个王子分得的樱桃数一样多，因此篮子里的樱桃总数应该是6的倍数；又因为这个数减1之后可以被7整除。显然6、12、18、24、30这几个数虽是6的倍数，但都不行。36有希望! $36-1=35$，35是7的倍数，$35\div7=5$，$1+5=6$。给大王子6个；$36-6=30$，$30-2=28$，$28\div7=4$，$2+4=6$，给二王子6个；$36-6\times2=24$，$24-3=21$，$21\div7=3$，$3+3=6$，给三王子也是6个；$36-6\times3=18$，$18\div3=6$，说明四王子、五王子、六王子也各分得6个。算出来了，篮子里原有36个樱桃，对不对?”

“对是对了，只不过炮兵团长是X探长的得意门生，你应该用方程解才是正路子呀!”假面支队队长的用意很明显，他要炮兵团长再用方程解一遍。

“用方程来解，也费不了什么劲!”炮兵团长又算了起来，“设篮子里原有樱桃数为x个。分给大王子$1+\frac{x-1}{7}$个，占樱桃总数的$\frac{1}{6}$，可列方程:

$$1+\frac{x-1}{7}=\frac{x}{6},$$

$$42+6(x-1)=7x,$$

$$x=36\text{（个）}。$$

算完了! ”

假面支队队长低头看了一下表，说:“你用了三分零一秒，超时一秒，我还是要打你三枪!”

炮兵团长一听就急了，他指着假面支队队长的鼻子喊道:“你这个人怎么总搞阴谋诡计！我用第一种算法，不到两分钟就把答案算出来了。你非要我用方程再算一遍不可，结果超时了，这能赖我吗?”

“哈哈……”假面支队队长大笑了几声说，“你还是傻！我叫你用方程做，你就真做？为了在三分钟内做完这道题，你完全可以不用方程去做嘛！你自己傻就赖不了我喽！还是吃我三颗子弹吧!”说完举起手枪瞄准炮兵团长就要开枪。说时迟，那时快，站在假面支队队长后面的“丘吉尔”突然活了，抓住他拿枪的手向上一抬，“叭、叭、叭”三枪全射向了空中。炮兵团长稍一迟疑，接着跑前几步，照着假面支队队长的肚子猛击一拳，这位队长“哼”了一声倒在地上。

炮兵团长心想，是谁化装成丘吉尔来救我的呢?

勇斗杀手

在蜡像馆里假装成丘吉尔蜡像，救了炮兵团长的不是别人，正是X探长。

炮兵团长惊奇地问："探长，你怎么会事先知道假面支队队长会在这儿下毒手呢?"

X探长说："我昨天派人跟踪了这位队长，掌握了他的活动计划。我将计就计在这儿装成了丘吉尔的蜡像，专等着他下手。"

"下一步怎么办?"炮兵团长用手铐把假面支队队长铐了起来。

X探长点起了烟斗，猛吸了一口说："虽说我们和暴力集团的四个支队都交过手，但是这位π司令却迟迟不肯露面。另外，这四个支队还残余多少人，我们也不知道，战斗还没有结束!"

炮兵团长指着假面支队队长说："这是一个重要线索，回去审问他，可以知道不少情况。"

X探长点了点头，两人押着假面支队队长走出蜡像馆，门口一辆警车正在等候，周围有许多看热闹的人。X探长抬头巡视了一下现场，他突然拉着炮兵团长喊了声："快蹲下!"两人刚刚蹲下，"叭、叭、叭"三发子弹，两发落空，一发正中假面支队队长的心脏，他当场毙命。

周围的群众一拥而上，和杀手展开了搏斗。杀手一身好功夫，三拳两脚就把群众打倒了好几个。

"嘿，这家伙还真有两下子！肯定是战刀支队的队员，看我的!"炮兵团长摘掉帽子，紧了紧武装带冲了上去。

杀手是个大块头，五大三粗，力气过人。他见炮兵团长冲过来，揪住炮兵团长的衣服来了个"背口袋"。这"背口袋"是摔跤的一招，很是厉害。杀手把炮兵团长背了过去，可是没摔倒。他目露凶光，一招更比一招狠，可就是摔不倒炮兵团长。他哪里知道，炮兵团长是位摔跤高手，获得过和平城摔跤大赛的冠军。杀手连用几招，全没成功，气焰已消去一半。炮兵团长看准时机，一个抱腿摔，把杀手摔了个仰面朝天。待杀手刚刚爬起来，炮兵团长又一个扫堂腿，把他摔了个嘴啃泥。

“好!”众人齐声叫好。杀手很知趣，知道今天遇到了高手，干脆躺在地上不起来了。

炮兵团长指着杀手问道：“谁派你来的？为什么要向我们开枪？”

杀手答：“是π司令派我来的。他让我杀了你俩和假面支队队长。”

“为什么连同党也要杀？”

“π司令说假面支队队长知道的事情太多，一旦落入你们手中太危险了。”

X探长摇了摇头说：“杀人灭口！你怎么和π司令联系？”

杀手从口袋里掏出一封信：“π司令告诉我，完成任务后按信上说的与他联系。”

炮兵团长打开信一看，“嗯”了一声说：“怎么回事？这封信是给X探长您的!”

X探长抬起头说：“请念念。”

炮兵团长大声读道：“X探长阁下：我想你正急着找我。我派去的这名战刀支队队员绝对逃不出你的手心，他能杀死假面支队队长我就很满意了。你果然厉害，几场斗争你都取得胜利。看来咱俩的决斗不可避免了。”

“好!”X探长微笑着说，“π司令终于亲自出马啦！接着念。”

“我正式邀请你，在x天后，上午9点在这个地方决斗。这x天的天气情况是：

（1）上午和下午共下了7次雨。

（2）如果下午下雨，上午必然晴天；如果上午下雨，下午必然晴天。

（3）有5个下午晴天。

（4）有6个上午晴天。

我相信你会赴约的，π司令。”炮兵团长摸着脑袋直勾勾地看着信说，“这个π司令玩的是什么花招？”

X探长笑了笑说：“他无非想考考我。”

“他怎么知道今后几天的天气情况？”

“这是π司令为了考我瞎编的。”

“这x可怎么求呢？对了，我刚学会了一种用作图法解题的方法，让我试试看。”炮兵团长在地上画了两个相交的圆说，“这是两个相交的圆，画斜线的圆是A，它表示上午晴天；画横线的圆是B，它表示下午晴天。”

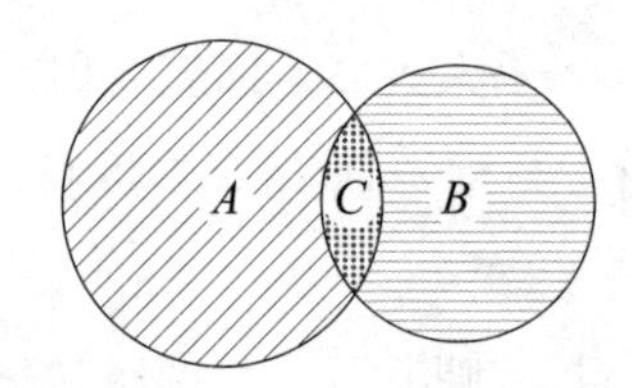

“那C呢？”

“C既在A中又在B中，它应该表示……”炮兵团长摸了一下脑袋思索了一会儿说，“C表示的是上午晴天而且下午也晴天，那就是全天晴天！”

“这里面怎么没有表示全天下雨的天气呀？”X探长问。

“第（2）条说，如果下午下雨，上午必然晴天；如果上午下雨，下午必然晴天，因此不会有全天下雨的天气。”

X探长又问：“你画了两个相交的圆有什么用途？”

炮兵团长解释说：“由（4）可知$A=6$，由（3）可知$B=5$，则$A+B=6+5=11$。由于C既在A中又在B中，所以在$A+B$中包含有2个C。”

“第（1）条怎么用？”

“$A-C$表示下午下雨，$B-C$表示上午下雨，由（1）可知$(A-C)+$

$(B-C)=7$，即 $A+B-2C=7$。”

X 探长问：“那 x 怎么表示呢?”

炮兵团长想了一下说：“x 表示这两个相交的圆的和，由于 C 是重叠部分，必须从 $A+B$ 中减去一个 C，这样 $x=A+B-C$。由 $A+B=11$，$A+B-2C=7$，可得 $2(A+B-C)=11+7=18$，$A+B-C=9$。我算出来啦，9 天后决斗。”炮兵团长显得很兴奋。

“你的算法虽然比较新，但很麻烦。其实这道题用列方程式的方法非常简单。根据第（3）、（4）条可知，有 $(x-5)$ 个上午下雨，有 $(x-6)$ 个下午下雨。$x-5+x-6=7$，$x=9$。”X 探长说完后，长长地出了一口气，“好了，我也要准备一下了。”

边走边斗

9 天一晃即过，今天是 X 探长和 π 司令决斗的日子。上午 8 时 30 分，X 探长准备只身去蜡像馆前与 π 司令决一死战。

小胡子将军很不放心，要派军队随 X 探长去，被拒绝；派大头参谋长和炮兵团长同去，也被拒绝。

小胡子将军把自己佩戴的手枪解下来，递给 X 探长说：“你总该带件防身武器呀!”

X 探长笑着摇摇头，举起手中的大烟斗说：“有这个就足够了。”

大头参谋长着急地说：“和 π 司令决斗可不是闹着玩的！你一个人去，让我们怎么放心?”

“放心吧！再见啦！”X 探长向大家挥挥手就向外走去。突然，他又转过身来叮嘱道，“你们谁也别跟着我，都离我远点！别给我添麻烦。”

X 探长刚刚出门，小胡子将军密令大头参谋长、炮兵团长和警察局长暗暗跟随 X 探长，以防不测。三个人换上便装，带好武器跟了出去。

X探长也不乘车，一个人慢慢悠悠地在路上走着，大头参谋长等三个人开着车在后面远远地跟着。突然，一辆白色豪华轿车从后面对准X探长直冲过去，吓得大头参谋长等三个人一齐掏出了手枪。

X探长猛地一转身，轿车戛然停住。从车上下来的不是别人，正是死对头π司令。π司令身着白西装，脚穿白皮鞋，戴着一副变色镜，十分潇洒。

π司令客气地对X探长说："探长先生，怎么步行？快上车咱俩一起去！"

"谢谢！"X探长笑着说，"我刚吃过早饭。饭后百步走，活到九十九。为了长寿，我还是自己走走吧！"

"那好，我也不勉强。过了今天上午，你一定会长寿的。"π司令钻进车，冲X探长摆摆手说，"我到前面等您啦！"π司令一踩油门，汽车直冲X探长撞去，由于距离太近了，想躲是来不及的。在这千钧一发之际，只见X探长猛然跃起，双手揪住头顶上的树枝，像猴子一样腾空飞起，躲过车头，又一松手坐在了白色汽车的车顶上。这一切来得这样快，把大头参谋长和行人都看呆了。

炮兵团长立刻把远距离窃听器对准白色汽车，只听X探长坐在汽车顶上对π司令说："司令，决斗提前开始啦？现在离9点还差多少分钟？"

π司令回答："从6点到现在往回推110分钟，剩下的这段时间，恰好等于现在到9点这段时间的4倍。"

X探长略微想了一下说："现在是8点46分，还早！"

警察局长忙问："怎么算得这样快？他是怎样算的？"

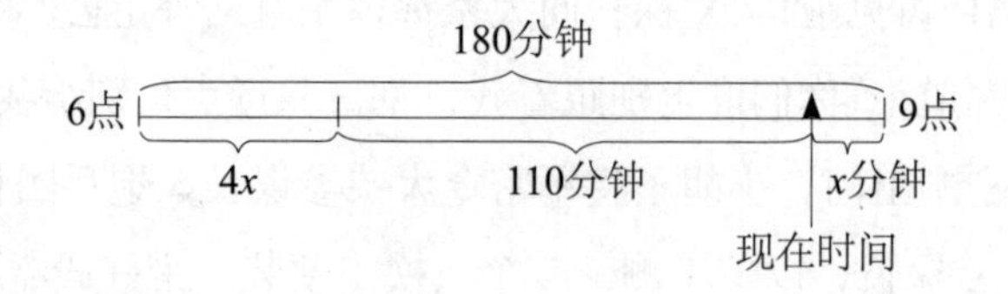

大头参谋长画了个图说："设从现在到 9 点还差 x 分钟。从 6 点到 9 点共 180 分钟，从现在往回推 110 分钟剩下的时间恰好等于 $4x$。可列出方程：

$$4x+110+x=180,$$
$$5x=70,$$
$$x=14。$$

到 9 点还差 14 分钟，不就是 8 点 46 分嘛。"

π 司令又说："探长先生，我这儿可有一支手枪。只要我的手向上一扬，子弹就能穿透车顶把您打死。"

X 探长问："你的枪里有几颗子弹？"

"你要问我子弹数吗？那可是'天下无人敌'呀！"

"只有两颗子弹就想打死我？"

警察局长问："探长怎么知道枪里只有两颗子弹？"

炮兵团长说："π 司令说天下无人敌，'天'字下面无'人'，那不是'二'嘛！"

警察局长连连点头说："对，对。"

忽听白色汽车里"砰"的一声枪响，把警察局长吓了一跳，他叫道："对探长开枪啦！"大家定睛一看，只见 X 探长悬在汽车的左侧，汽车顶上有一条链子挂在他的腰上。

警察局长惊奇地问："哪来的一条链子？"

大头参谋长解释说："前两天，探长叫我给他买一条铁链和一个能承受 100 千克重的强力吸盘。没想到探长这时候用上啦！"

炮兵团长说："X 探长用 9 天时间做了认真准备，设想了许多作战方案。"

说话间，π 司令摇下了窗玻璃，把手枪伸出来对准了 X 探长。距离是这样近，看来这次探长是难逃噩运了。忽听 π 司令"哎哟"叫了一声，

“当啷”一声手枪掉在了地上。原来，X 探长的大烟斗准确无误地敲在他右手的穴位上，π 司令右臂一麻，手枪就撒手掉了下来。

大头参谋长驾驶汽车拦住了这辆白色汽车，警察局长握住手枪对 π 司令说：“你被捕了！”

π 司令从容地从车中走了出来，左手拿了一个按钮。按钮伸出一条很细的导线连到汽车里面。π 司令说：“车里有 200 千克烈性炸药，你们说我按几下就会爆炸？”

警察局长摇摇头说：“我哪里知道你按几下！”

一股强烈的烟味传来，X 探长在 π 司令身后说：“请把你按的次数乘 0 就可以了。”

π 司令回头一看，X 探长正用烟斗烧那根细引线哪！π 司令刚想按，引线已被烧断了。π 司令一跺脚：“唉！我彻底输啦！”

3. 真假X探长

重返和平城

时针刚刚指向8点，小胡子将军准时来到“和平城驻军司令部”，大头参谋长早在办公室等着他了。

小胡子将军问：“来这么早，有事吗?”

大头参谋长行了个军礼，说：“报告司令，今天凌晨我接到X探长的电话，说他要来和平城办案。”

“办案?”小胡子将军眉头一皱说，“2015年X探长来和平城粉碎了国际犯罪集团，消灭了战刀支队、假面支队、毒蛇支队和鼹鼠支队，逮捕了头头π司令。这次不请自来，为什么呢?”

“我来办大宗毒品走私案。”说话间X探长走进了办公室。

小胡子将军赶忙迎了上去，握住探长的手说：“探长先生，好久不见，别来无恙!”

你才是
假的！

“还好，还好。国际刑警组织最近发现一个贩毒集团，他们将两大箱味精寄往和平城。”

大头参谋长说：“他们一定是用毒品海洛因冒充味精！”

“不，不。”X 探长伸出右手食指晃了晃，“表面看起来箱子里装的都是一袋袋味精，实际上有些袋里装的是味精，有些袋里装的是盐，还有些袋里装的是毒品海洛因。”

小胡子将军问：“两箱里海洛因所占的比例是多少？”

“据可靠的情报，每一箱都装有这 3 种东西。另外，

（1）第一箱的袋数是第二箱袋数的 $\frac{2}{3}$；

（2）第一箱中味精占 25%，第二箱中海洛因占 50%；

（3）盐在第一箱中所占百分比是第二箱中所占百分比的两倍；

（4）当两箱合在一起时，盐占 28%。

毒品占多少需要计算呀！”X 探长说完用眼睛盯住大头参谋长。

大头参谋长明白，X 探长的意思是让他来算，在这紧要关头是不能退缩的，算！

他晃了晃又大又圆的脑袋说：“这里面没有出现质量，只涉及比例。现在有 3 种东西，先求哪种好呢？由于条件（3）和（4）都涉及盐，可以从盐下手。”

“有理！”X 探长点了点头。

“根据条件（3），我设盐在第二箱中所占的百分比为 x，这时盐在第一箱中所占百分比就是 $2x$。”

X 探长掏出他那个特大号烟斗，装满烟丝问：“往下呢？”

“由于是求比例，每箱中具体有多少袋并不重要。根据条件（1），不妨设第二箱有 300 袋，这时第一箱就有 200 袋。”

“嚓”的一声，X 探长点着了烟丝，“第一箱真有 200 袋，第二箱真有 300 袋吗？”

“不，不。”大头参谋长解释说，“我是按$\frac{2}{3}$这个比例设的。至于两箱中具体有多少袋并不知道。”

“我设第一箱有20袋，第二箱30袋，行吗?”

“当然可以，你还可以设第一箱有2袋，第二箱有3袋，最后求出的比例都是相同的。不过这样设，会使运算中出现小数，算起来不方便。”

X探长猛吸了一口烟说：“请继续算。”

大头参谋长加快了解算速度：“这样一来，第二箱中有盐300x袋，而第一箱中有盐$200\times2x=400x$袋。再根据条件（4）有

$$300x+400x=(300+200)\times28\%$$

$$700x=500\times\frac{28}{100},$$

$$x=\frac{1}{5}=20\%。”$$

小胡子将军赞许地说：“好！只要把盐在第二箱中所占的比例算出来，就可以求出每箱中盐的袋数：

第一箱中有盐　　$400x=400\times\frac{1}{5}=80$（袋）；

第二箱中有盐　　$300x=300\times\frac{1}{5}=60$（袋）。”

X探长举了举手中的烟斗：“别忘了，你要求的可是毒品所占的比例。”

“对的。”大头参谋长接过话茬说，“由条件（2）可知，第一箱中有味精$200\times25\%=50$（袋），这样可算出第一箱中毒品有$200-80-50=70$（袋）；由条件（2），第二箱的毒品有$300\times\frac{1}{2}=150$（袋）。这样，毒品占的比例是：

$$(70+150)\div(300+200)=\frac{220}{500}=44\%。”$$

小胡子将军两眼一瞪说：“哎呀，毒品占这么大比例，这还了得！我命令将这两箱东西押送到司令部来，我要亲自过目！”

“是!”大头参谋长亲自带一队士兵，直奔飞机场。

没过多会儿，大头参谋长把两箱东西取了回来。打开箱子一看，里面全是印有“味精”字样的口袋。

X 探长从皮包里取出一副眼镜，递给小胡子将军，说“将军，您戴上这副特制的眼镜，就可以看到装有毒品的口袋能发出绿光。”

小胡子将军戴上这副特制的眼镜，再看箱子里的口袋，果然，有的口袋发出绿光，有的口袋不发光。小胡子将军命令士兵把发绿光的口袋都挑了出来。

小胡子将军很高兴。他对 X 探长说：“这些毒品如何处理?”

X 探长说：“在我的监督下，把毒品全部销毁！至于这些味精和盐嘛……对啦！前两次我来和平城办案，认识了超级市场的陈经理，我看把这些味精和盐送给他算啦!”

小胡子将军眼珠一转，点了点头。X 探长立即给陈经理打了个电话。趁探长打电话的工夫，小胡子将军偷偷拿了两袋毒品放进自己口袋里。

没过一会儿，一个又矮又胖还秃顶的人来到了司令部，X 探长介绍说这就是陈经理。把事情都办完后，X 探长飞离了和平城。

小胡子将军从口袋里掏出两袋毒品，两眼直发愣，口中念念有词：“两年不见，X 探长好像变了一个人。”

发现毒品

警察局的眼镜局长这两天非常烦躁，原因是和平城连续发现有人在贩毒。今天一大早，他在司令部召开紧急会议，研究毒品问题。

炮兵团长首先发言，他说：“这次发现毒品，我看和 X 探长来和平城缉毒有关。”

大头参谋长满脸怒气地质问：“难道你怀疑 X 探长在贩毒?”

炮兵团长把眼珠子往上一翻说：“反正毒品不会从天上掉下来！”两

个人你一句我一句地开始争吵。

小胡子将军却坐在那里一言不发，他右手的中指轻轻地敲击桌面，在思考着什么。

眼镜局长有点忍不住了，他用手扶了一下眼镜问："将军，X探长会不会搞错了？他错把盐和味精给销毁了，而把毒品留了下来！"

"这不可能！"大头参谋长抢过话茬说："X探长是国际一流大侦探，他怎么会把这么重要的事给弄错？"

眼镜局长摇摇头说："可惜呀，毒品全部被销毁了。如果能留下一袋，化验一下，一切都会真相大白！"

小胡子将军拉开抽屉，从中取出两袋印有"味精"字样的白色物，扔到桌子上："我怕一袋不够，留了两袋！"

"啊！"在场的人都十分惊讶，佩服小胡子将军的远见。

大头参谋长却如堕烟海，他问："将军，难道你也怀疑X探长贩毒？"

小胡子将军严肃地说："我不仅怀疑他贩毒，我还怀疑来的这个人不是X探长！"

"啊？"这次在场的人更糊涂了。

小胡子将军命令："立刻拿一包去化验！"

大头参谋长把大脑袋晃悠了半天，尽量使自己清醒过来。他问："将军，你根据什么说X探长是假的？"

小胡子将军分析说："X探长前两次来办案，都有国际刑警组织的电传通知和介绍信。这次他却不请自来，既没有电传通知，也没有介绍信。"

大头参谋长不服，他争辩说："X探长是咱们的老朋友。再说，他来前不是给我打了个电话嘛！"

"不！"小胡子将军断然说，"朋友是朋友，公事是公事，二者不能混为一谈，我想他作为一名资深的探长，不会不懂得规矩。"

“报告将军，化验结果出来了!”士兵把化验单呈给小胡子将军。化验单上写着：

送检物外形：白色粉状物。

成分：99.9%的味精，0.1%的荧光粉。

大头参谋长看了化验单，双手捂着眼睛，一屁股坐在椅子上，大叫：“啊——我上当啦!”

小胡子将军站了起来，大声命令：“大头参谋长，你立即飞往国际刑警组织，向他们汇报这里发生的情况，争取他们的帮助；眼镜局长，你去抓捕贩卖毒品的人；炮兵团长，你火速去捉拿超级市场的陈经理!”

“是!”三个人整齐地行了个举手礼，转身快步走了出去。

炮兵团长带领一队士兵，乘警车直奔超级市场。“吱——”随着一声刺耳的刹车声，士兵们飞快地跳出警车，把超级市场围了个水泄不通。

炮兵团长大步闯了进去，问售货员：“陈经理呢?”

售货员一看这阵势，吓了一跳，忙说：“陈经理一大早就出去了。”

“陈经理有BP机吗?”

“没有。不过，他临走时给我们留下一张纸条，说有买东西的，可以到这个地方找他。这上面写的我们谁也看不懂。”伙计递给炮兵团长一张纸，纸上有字还有图：

我在中央大街x号，请不要忘记欣赏我这四层小楼新装的窗户，它们是791、275、362、612。

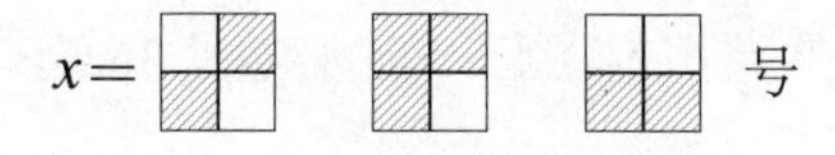

炮兵团长跑出去一看，四层楼每层都有3个窗户，每扇窗户有4块玻璃，玻璃有红、黄两色。

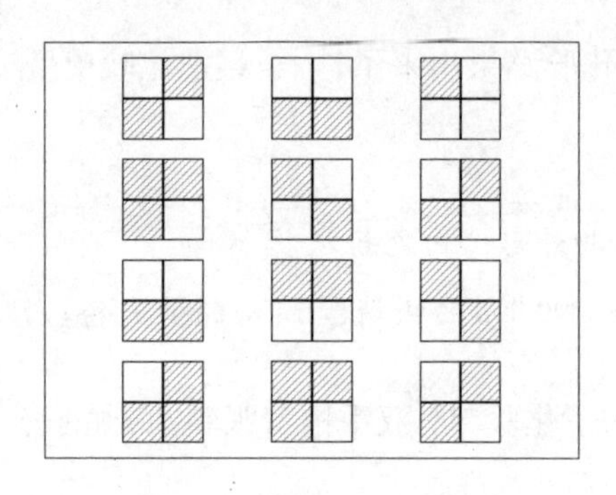

炮兵团长看看窗户，再看看纸条，心里琢磨，这个陈经理在玩什么花招？突然，他用力一拍纸条说：“我明白了。”

警察局的眼镜局长正路过这儿，他停车问：“炮兵团长，你明白什么啦？”

炮兵团长指着窗户说：“你看见了没有？这里每扇窗户都表示一个三位数。一共 4 个三位数都写在这里。”

“啊呀，这乱七八糟的，可怎么猜呀？”眼镜局长直摇头。

炮兵团长说：“这几个数里出现最多的数是 2，一共出现 3 次。你看看哪个式样的窗户出现了 3 次？”

眼镜局长扶了一下眼镜，看了半天说：“四层最左边那个窗户出现了 3 次，一、三、四层都有。”

“对。那个式样就代表 2！”炮兵团长分析说，“对照这 4 个三位数可以知道，四层是 275。由于四层中间的窗户和二层左边的窗户式样相同，都表示 7，二层必然是 791。”

眼镜局长接着分析：“二层右边窗户和三层中间窗户式样一样，都是代表 1，三层必然是 612。剩下一层必然是 362 了。陈经理必然在中央大街 267 号！”

“眼镜局长，你替我守住超级市场。我去找陈经理！”炮兵团长说完跳上车直奔中央大街。

子弹打穿的谍报

炮兵团长驾车直奔中央大街 267 号，他跳下车一看，原来是座咖啡屋。炮兵团长大步走了进去，见屋里人还挺多。

炮兵团长大声叫道：“陈经理！”

“哎！”有三个人同时答应。

“陈经理，我要买盐！”炮兵团长又喊了一声。

一个身材矮胖的中年人答道：“请过来！”

炮兵团长径直走了过去，伸出手说：“你就是超级市场的陈经理？”

中年人和炮兵团长握了握手说：“我就是，你要买盐？”这位陈经理对炮兵团长要买盐感到十分奇怪。

炮兵团长一字一句地说：“我不是买普通的盐，我要买 X 探长送给你的盐！”

陈经理听了这两句话，脸色陡变。他镇定了一下说：“可以，你要买多少？我给你开张提货单。”说着把手伸进西服口袋里掏笔。刹那间，陈经理掏出来的不是钢笔，而是一支微型手枪。

“砰”的一枪，子弹直奔炮兵团长的头部射来。炮兵团长眼疾手快，头一歪躲过射来的子弹，一伸右手抓住了陈经理的枪，用力向上一反腕，手枪就落到了他的手里。

炮兵团长厉声喝道：“你老实点！”他向外一招手，门外立即跑进两名士兵，掏出手铐将陈经理的双手铐上。

“走！”士兵推着陈经理往外走。刚出门，只听“砰”的一声，对面楼上射来一颗子弹，子弹正中陈经理的左胸。陈经理“啊”的一声倒在了地上，4 名士兵飞快地向对面楼房跑去，经搜查，没发现凶手。

炮兵团长见陈经理还有一口气，忙扶着他问：“毒品在哪儿？X 探长在哪儿？你快说！”

陈经理用手指一指衬衣左上方口袋，有气无力地说：“这……这里有……张纸……条。”炮兵团长从他口袋里拿出一张被血染红、上面有一个枪洞的纸条。

炮兵团长又摇摇他问：“X探长呢?”陈经理向炮兵团长背后一指说：“他……”没等说完，头一歪，死了。

炮兵团长听到背后有人说话：“我在这儿!”他回头一看，是X探长站在他的背后。炮兵团长迅速跳了起来，掏出手枪叫道：“不许动!你这个假X探长被捕了!”

X探长微笑着说：“谁说我是假的？我是货真价实的X探长!”

炮兵团长用枪顶住他的胸口说：“谁能证明你是真的？来人，把他先铐起来!”上来两名士兵亮出手铐就要铐。

“休得无理!”大头参谋长跑了过来，他对炮兵团长说，“这是我从国际刑警总部请来的真X探长！他是特地来帮助我们侦破此案的!”

炮兵团长收起了手枪，上下打量着这个X探长，心想：真假难辨啊!

X探长接过带血的纸条，轻轻打开一看，中间有一个洞，余下有字：

精盐藏在金台大街15□□□6，注意这个数字的特点是能够被36整除且商最大！如果每盎司卖36元，收益最大!

X探长把纸条递给炮兵团长，说：“糟糕！中间的三位数字被子弹打掉了!”

炮兵团长看了一眼说：“能不能算出来?”

大头参谋长拿过来看了看说：“我认为算出来没问题。这个六位数能被36整除，而且商还最大，咱们就挑大数字往里填吧!”

“最大数字是9，把999填进去得159996，再用36除。”炮兵团长做了个除法：

$$159996 \div 36 = 4444.333\cdots\cdots$$

炮兵团长一摸脑袋说：“嗯？怎么除不尽？我再换 998 填进去试试。”

X 探长摇了摇头说：“这样一个数一个数地试除，太慢了。”

炮兵团长不服气。他问：“你有什么好法子？”

X 探长笑了笑说：“36 等于 4×9，一个数如果同时能被 4 和 9 整除，那么它必然能被 36 整除。”

大头参谋长插话说：“一个整数的各位数字之和如果能被 9 整除，这个整数一定能被 9 整除；一个整数的最后两位数字组成的数能被 4 整除，这个数必然能被 4 整除。”

“我明白了。把 159996 的各位数字相加，1+5+9+9+9+6=39，又因为 3+9=12，比 9 多 3。我从 999 这三个 9 中适当减去 3，其和就是 9 了。”炮兵团长刚想试试，大头参谋长嘱咐说：“别忘了，最后两位数要能被 4 整除。”

炮兵团长说：“我先确定十位上的数。86 不能被 4 整除，76 可以，这样就少了 2 了。我再从百位上减 1，这样一共减去了 3。好了，这个数是 159876！”

大头参谋长晃悠着大脑袋，问：“金台大楼 159876 是什么意思？没有这么大的房间号。电话号是七位，而这个数仅有六位呀！”

X 探长说：“先去金台大楼调查一下。”大家上了车直奔金台大楼。

金台大楼是一座写字楼，值班经理向 X 探长点点头说：“你又来了！你昨天留给陈经理的东西，由于陈经理没来，还保存在我们这儿。”

“我留给陈经理的东西？”X 探长马上明白过来，假 X 探长昨天来过。

X 探长笑笑说：“真对不起，我想把昨天留下的东西拿走。”值班经理拿出一个非常精致的礼品盒，炮兵团长刚要打开，X 探长大喊一声：“千万别动！”

神秘的礼品盒

炮兵团长刚想打开礼品盒，被 X 探长阻止了。X 探长仔细检查这个精致的礼品盒，看到上面没有什么疑点，但当他把盒子端起来时，盒子底下有一个六位数字的密码，每个密码都可以活动。

大头参谋长说："六位数密码！"

炮兵团长反应也不慢，他说："159876。"

"对。"X 探长说，"纸条上的 159876 在这里找到了用场！"

X 探长小心地把密码拨到 159876，只听"咔嗒"一声，礼品盒自动打开了。礼品盒里有 3 件东西：一枚炸弹、一把钥匙和一封信。

炮兵团长倒吸了一口凉气："好玄啊！我要贸然打开，这枚强力炸弹还不把咱们全报销啦！"

X 探长说："和黑社会的头目打交道，处处要小心！"他拿出信拆开读道："据可靠情报，真 X 探长明天到和平城。他肯定要找你，你要躲过他。你拿这把钥匙去月光大街 x 号，x 等于 $1\times2\times3\times4\times\cdots\times999\times1000$ 乘积中，末尾连续 0 的个数。你藏在那里，一周不要出来。"

炮兵团长一皱眉头："又是一串数字！"

X 探长解释说："现在国际上使用的密码中有一种是数字密码。要破译这种密码，必须有将大到 80 位的数字分解成质因数连乘积的本事，这就是著名的'*RSA* 密码系统'。可是将一个大数分解质因数，对于一个数学家来说也是十分困难的。"

大头参谋长想了想说："这个问题好像不算困难。由于 $2\times5=10$，末尾会产生一个 0。末尾中的 0 也只能由 2 和 5 相乘而得。只要把从 1 到 1000 中每一个数都分解成质因数的乘积，再知道这里面有多少个 2 和 5 就成了。"

炮兵团长也开了窍，他说："这里面 2 肯定比 5 多，只要知道有多少个因数 5 就成了。”

大头参谋长接着说：“从 1 到 1000 中有 200 个含有 5 的数，它们是 5、10、15、20、25…995、1000。”

“这么说末尾有 200 个 0 喽！”炮兵团长有点着急。

大头参谋长摇摇大脑袋说：“不对。这 200 个含有 5 的数中有的含不止一个 5 呀！比如 25=5×5，125=5×5×5，625=5×5×5×5。”

“对，对。我忘了这茬儿了。”炮兵团长有点不好意思，“在 200 个含 5 的数中，有 40 个数能被 25 整除，它们是 25、50、75…975、1000；在这 40 个数中只有 8 个能被 125 整除，它们是 125、250、375…875、1000；这 8 个数中有 1 个可以被 625 整除，那就是 625。合在一起共有 200+40+8+1=249（个）5。”

“也就是说乘积的末尾有 249 个 0，陈经理躲在月光大街 249 号，走，咱们去看看这个地方！”大头参谋长掉头就往外走。

提到超级市场的陈经理，炮兵团长想起了一个问题。他问 X 探长：“陈经理一出咖啡屋，就被对面楼上飞来的一颗子弹打中心脏部位，打得真叫准！可是又没有发现凶手，这是怎么回事？”

“我也觉得奇怪。”X 探长琢磨了一下说，“这样吧！让大头参谋长带一部分士兵去月光大街 249 号搜查，咱俩回到咖啡屋再研究研究。”

X 探长把钥匙交给了大头参谋长，嘱咐了几句，自己和炮兵团长又返回了咖啡屋。据咖啡屋经理回忆，陈经理常来咖啡屋。不过他有一个毛病，每次都是前门进后门出。

“前门进后门出？”X 探长倒背双手，来回走了几趟。突然他停住脚，对咖啡屋经理说，“请借我一根长竹竿！”他又拿出那张带血迹、被子弹打穿了一个洞的纸。

X 探长用竹竿挑着那张纸走到前门，他身体躲到一边，把竹竿伸了出去。只听“砰”的一声，对面又射来一发子弹，正打中这张纸。

炮兵团长明白了，对面楼上有一支自动发射的特制步枪，一旦这张纸出现在咖啡屋的前门它就能准确地射中这张纸。当时陈经理把这张纸放在左胸口袋里，子弹正好打中他的心脏部位。

X 探长往对面一指：“子弹是从 3 楼正中间那间房子里发射出来的，你去搜查一下。”

炮兵团长拔出手枪，带着两名士兵直奔对面 3 楼。他们撞开门，屋里空无一人，一支步枪藏在窗帘后面。

据邻居介绍，这间屋子是超级市场陈经理租用的，但是他很少到这儿来住。

“自己布置步枪杀自己！这不可能！”炮兵团长派人密切监视此屋，自己向 X 探长做了汇报。X 探长告诉他，经化验这张纸上有很强的放射性物质，对面的步枪一接收到这种射线就自动开枪，百发百中！

X 探长说：“这一切肯定不是陈经理自己设下的圈套，但是他也知道个大概，不然的话，他为什么怕走前门呢？咱们还是去月光大街249号，看看大头参谋长有什么收获。”

到了 249 号，见大头参谋长已经搜查完毕。屋里除了床铺、桌椅、电视机、电冰箱外，没有什么特别可疑的东西。

X 探长拉开电冰箱的门，认真清点了一下里面的食物，笑着说：“吃的东西还真不少，足够两个人吃一周的。你们先回去吧，我留在这儿享几天清福！”

“你一个人留在这儿？”大头参谋长和炮兵团长一齐瞪圆了眼睛。

“不，把那位已经死了的陈经理留下来和我做伴。”

把一个死人找来做伴？X 探长到底怎么想的？

背阴胡同b + d号

大头参谋长和炮兵团长实在不理解，X 探长为什么要把陈经理的尸体留下来做伴。

X 探长对他们摆摆手，示意叫他们回去。大头参谋长带着大家一撤走，X 探长就忙着布置，他把陈经理的尸体摆在电视机对面的沙发上。经过细心整理，陈经理就好像坐在那里看电视一样。他又在陈经理的衬衣领口处，放上一个微型扩音器。

一切布置就绪，X 探长躲进大衣橱里，手里拿着微型扩音器，他通过大衣橱的门缝监视着电视机。等了大约 1 个小时，只听“咔嗒”一响，电视机自动打开了，接着电视机上面的室内天线开始慢慢旋转，好像在搜寻什么东西。天线转了两圈又停了，电视屏幕上出现了一个人的头像，此人不是别人，正是假 X 探长。

屏幕上的假 X 探长说：“陈经理，由于真 X 探长已经到了和平城，咱们那批盐要迅速转移！”

“陈经理”问：“转移到什么地方？”

“转移到背阴胡同 $b+d$ 号。”屏幕上出现了一个算式：

$$\left(\frac{1}{a}+\frac{1}{b}+\frac{1}{c}+\frac{1}{d}+\frac{1}{36}\right)+\frac{1}{45}=1,$$

其中 a、b、c、d 为连续自然数。

“陈经理”又问：“今后怎样和你联系？”

“暂时不联系。你把盐转移以后，我会主动找你。切记，要让你的店员去转移盐，你通过电话指挥就成了，你待在这里很安全。咱们各自多保重！再见！”假 X 探长刚刚说完，电视机自动关闭。

X 探长从大衣橱中走了出来，从录像机中取出了录像带。原来，他把电视机中的图像录了下来。另外，死陈经理当然不会说话，是X探长假装的。

X探长回到驻军司令部，将录像放给小胡子将军看。

小胡子将军问：“下一步怎么办？”

X探长说：“应该先把这个新的藏毒地点找到，看看能不能发现假X探长的线索。”

小胡子将军皱了一下眉头说：“这个背阴胡同我知道，可是$b+d$是多少呀？”

炮兵团长站起来说：“咱们挨门挨户地搜，不信找不到这个地方！”

“不成，不成。”大头参谋长连连晃着大脑袋说，“毒品还没有转移过来，你搜什么？再说，你一搜查就是打草惊蛇，等于给假X探长报了信啦！”

“你说怎么办？”炮兵团长的急脾气真像火炮一样。

大头参谋长说：“咱们把$b+d$算出来嘛！”

“一个算式中有4个未知数，你会算？”

“既然是假X探长提出的问题，就一定能算出来，不然的话，陈经理也找不到这个$b+d$号呀！”

小胡子将军制止了他们俩的争论，对大头参谋长说：“你先算，出现问题还有X探长嘛！”

“是！”大头参谋长边说边算，“先把已知数都移到等号右边：

$$\frac{1}{a}+\frac{1}{b}+\frac{1}{c}+\frac{1}{d}=1-\frac{1}{36}-\frac{1}{45}=\frac{171}{180}。$$

下一步要把$\frac{171}{180}$拆成4个分子是1的分数之和。嗯……这可怎么拆呀？”大头参谋长遇到了困难。

X探长提示：“应该先把180所有的约数求出来。”

“我来求。”炮兵团长抢着分解，“$180=2^2\times3^2\times5$，其约数为1、2、3、

4、5、6、9、10、12、15、18、20、30、36、45、60、90、180。”

大头参谋长糊涂了，他问：“求出这么多约数来干什么？”

“你想啊！”X 探长耐心地分析说，“把$\frac{171}{180}$变成 4 个分子是 1 的分数之和，分子是 1 怎么才能得到呢？按照分数相加的法则，可以先把这 4 个分数的分母都取 180，这时需要把 171 拆成 4 个数之和，这 4 个数都要是 180 的约数！”

大头参谋长一拍大脑袋说：“明白啦！我从 180 的 18 个约数中挑出 4 个来，使它们的和恰好是 171。先看哪两个数相加其和的末位数得 1。”

炮兵团长说：“$1+10=11$，$5+6=11$，$2+9=11$，$6+15=21$，$15+36=51$……”

“停止！”大头参谋长拦住炮兵团长的话，“它还有个条件：要求 a、b、c、d 是连续自然数，所以 171 分成的 4 个数相差不能太远。”

“那怎么挑呀？”

“$171\div4\approx42$，由于平均数是 40 多，在把 171 分成 4 个数时，要取靠近 40 的数。”大头参谋长的主意还是多，他取了 36 和 45，做个加法 $36+45=81$。

炮兵团长不甘示弱：“$171-81=90$，取个 60，再取个 30。”他写出：

$$30+36+45+60=171,$$

$$\frac{30}{180}+\frac{36}{180}+\frac{45}{180}+\frac{60}{180}=\frac{1}{6}+\frac{1}{5}+\frac{1}{4}+\frac{1}{3}。$$

炮兵团长用力一拍大腿说：“嘿！ 3、4、5、6 正好是 4 个连续自然数，$a=3$、$b=4$、$c=5$、$d=6$，$b+d=4+6=10$。”

X 探长点点头说：“嗯，是背阴胡同 10 号。看来真假 X 探长要会面了！”

小胡子将军站起来说：“我也要再去会会这个假 X 探长，出发！”

一行汽车直向背阴胡同开去。

看门老头

汽车拐了好几个弯儿才找到背阴胡同10号。大头参谋长敲了半天门，门才打开一道缝，一个白发苍苍的老头露出半个脸，问："你们找谁呀？"

大头参谋长说："我们来找X探长！"

"谁？ X探长？"老头满脸疑惑地摇摇头，"没有这么个人呀！"

"先让我们进去！"大头参谋长推开门走了进去。院子不大，北屋是三间大房子，东屋有一间小房，是看门老头住的。

小胡子将军、X探长一行人走进北屋，在沙发上坐好。X探长抽着他那个大烟斗，眼睛一直盯着看门老头。

小胡子将军问看门老头："这里就你一个人吗？"

老头点点头说："是，我给陈经理看门，平时没人来。"

X探长站起来，围着看门老头转了一圈儿："你的声音好熟悉呀！我好像在哪儿听到过？"

看门老头眼睛里闪过一丝惊慌，他一低头，躲过X探长的眼光，苦笑着说："天底下说话声音相像的人多着哪！"

"不！"X探长从皮包中拿出一个小盒子，他按了一下按钮，小盒子打出一长条纸带，纸带上有两条曲线，形状完全一样。

X探长说："这下面一条是你说话的声波曲线，上面一条是我刚刚录下的另一个人的声波曲线，这两条曲线一模一样啊！"

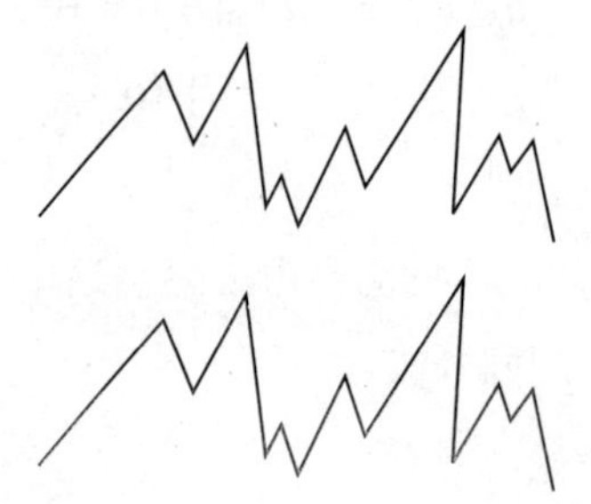

看门老头连连摇头说："我没文化，不懂什么曲线，噢，我忘了给你们沏茶了，我去拿点好茶叶。"说完就回自己住的小东屋。

X 探长叮嘱说："我可不爱喝咸茶，千万别往壶里加精盐!"

看门老头进东屋不久，就在屋里大喊："X 探长快来！出事啦!"

X 探长闻声大步走了进去。转眼间从东屋走出两个一模一样的 X 探长。啊！在场的人全都大惊失色!

一个 X 探长说："一场真与假的斗争开始了!"

另一个 X 探长说："真的假不了，假的也真不了!"

小胡子将军霍地站了起来，用眼睛盯着这两个 X 探长，看了足有 5 分钟。大头参谋长知道这是小胡子将军的心理战，可是这一招儿失败了，两个 X 探长都泰然自若。

怎么办？大家你看着我，我看着你，一时没了主意。还是大头参谋长聪明，他对小胡子将军说："X 探长最突出的是数学好，善解方程。将军，您何不出两道方程题考考他俩呢?"

"好主意!"小胡子将军说，"传说捷克的奠基人利布莎女王有 3 位求婚者。女王告诉他们，谁能解出下面题目，她就嫁给谁。"

"有意思!"两个 X 探长几乎同时露出了微笑。

小胡子将军说："女王说，如果我把一篮李子中一半多 1 个给第一位求婚者，把余下的一半多 1 个给第二位求婚者，再把余下的李子分成两半，并将其中一半加 3 个给第三位求婚者，那么李子就分完了。问篮子里共有多少个李子？请你们俩回答。"说完递给每人一张纸和一支笔。

一转眼，两人就把解算过程交了上来。左边的 X 探长是这样解的：

"设篮子里原有 x 个李子，第一位求婚者得 $\frac{x}{2}+1$（个）李子，剩下 $x-(\frac{x}{2}+1)=\frac{x}{2}-1$（个）李子；第二位求婚者得到 $\frac{\frac{x}{2}-1}{2}+1=\frac{x}{4}+\frac{1}{2}$（个）李子，剩下 $(\frac{x}{2}-1)-(\frac{x}{4}+\frac{1}{2})=\frac{x}{4}-\frac{3}{2}$（个）李子；第三位求婚者得到 $\frac{\frac{x}{4}-\frac{3}{2}}{2}+$

$3=\frac{x}{8}+\frac{9}{4}$（个）李子。

可列方程：

$$\left(\frac{x}{2}+1\right)+\left(\frac{x}{4}+\frac{1}{2}\right)+\frac{x}{8}+\frac{9}{4}=x,$$

$$\frac{7}{8}x+\frac{15}{4}=x,$$

$$\frac{1}{8}x=\frac{15}{4},$$

$$x=30\text{（个）。}$$”

右边的 X 探长却莫明其妙地写了几个算式和两个箭头：

“$3\times2=6\Rightarrow6+1=7$，$7\times2=14\Rightarrow14+1=15$，$15\times2=30$（个）。”

炮兵团长看完这两种解法，立即拔出手枪顶着右边的 X 探长说：“这个是假的！他连列方程都不会，胡写了几个算式来对付咱们！”

大头参谋长飞快亮出手枪对准左边的 X 探长，对小胡子将军说：“这个才是假的哪！万万不能抓错人！”

“这……”小胡子将军一时没了主意。

炮兵团长嚷道：“谁知道他写的算式和箭头是什么意思？”

“我知道！”大头参谋长说，“他用的是倒推法。女王把最后的一半加 3 个给了第三位求婚者，正好分完，说明当时篮子里只有 $3\times2=6$（个）李子；往前推，第二位求婚者在分时，篮子里有 14 个李子，他拿走 8 个，剩下 6 个；再往前推，第一位分时，篮子里有 30 个，他拿走 16 个，剩下 14 个。”

炮兵团长问：“他既然叫 X 探长，解题就应该用方程来解呀！”

小胡子将军戴上眼镜看了看两个 X 探长，眼珠一转，“我知道谁是假 X 探长了。”他用手一指说，“把这个假 X 探长拿下！”

中毒“身亡”

小胡子将军一指左边的X探长说：“把这个假X探长拿下！”

“慢！”左边的X探长一摆手说，“小胡子将军，你可不能黑白颠倒，真假不分啊！我用方程方法解算却是假的，他瞎凑个得数倒是真的?”

“哈哈！”小胡子将军大笑道，“你上了我的当啦！解题是在做戏，真X探长来和平城时，我在他的上衣上做了一个暗号，不信，你戴上我的眼镜看看。”

假X探长接过眼镜一看，X探长左胸有个发光的“真”字。原来小胡子将军用一种特殊荧光粉，在X探长左胸上写了一个“真”字。

假X探长瞪着绝望的眼睛说：“完了，假的就是斗不过真的，一个人就是斗不过一群人，我输啦！”他低头迅速咬了下自己的衣领口，然后两眼向上一翻，“咕咚”一声，直挺挺地倒在了地上。

警察局长快速跑了过去，把手放在假X探长鼻子前试了试，说：“死啦！”翻开他的眼睛看了看，又撬开他的嘴闻了闻，说：“可能是氰化物中毒！”

小胡子将军挥挥手说：“把他抬到法医处，解剖化验后火化！”

“是！”两名士兵把假X探长抬了出去。

炮兵团长面露笑容说：“这下子假X探长一案终于结束了！”

大头参谋长摇摇头说：“毒品还没有全部找到，假X探长的同伙是否都捉住了也不知道，我看这案子还没有完。”

一直沉默不语的X探长突然站了起来，问道：“小胡子将军，法医处在什么地方?”

小胡子将军一愣，忙问：“出什么事啦?”

X探长说：“刚才士兵抬假X探长时，我看到他的右手碰到担架时，好像动了一下。”

“这么说，假X探长是装死?”屋里的空气一下子紧张起来。

“警察局长留下来搜查毒品，其余的人跟我去法医处！”小胡子将军率先登上警车，直奔法医处。

法医处的工作人员看见小胡子将军来了，立即闪开一条道。

小胡子将军问：“刚才抬来的死人放到哪儿去了？”

法医处处长跑过来回答：“报告将军，死人被抬进解剖室了，由刘医官主刀解剖。”

小胡子将军等一行人来到解剖室，见室内没人，解剖台上躺着一个死人，上面蒙着大白布单子。

小胡子将军问：“刘医官呢？”

一个工作人员说：“他去厕所了。”

大头参谋长立即闯进厕所，里面空无一人。

X 探长伸手拉开白布单，解剖台上躺着的是刘医官，不过他穿的却是假 X 探长的衣服。

“动作好快呀！”X 探长从死人的上衣口袋里掏出一张纸条，上面写着：

尊敬的 X 探长：

咱俩第一场斗争结束了，打了个平手。我想和你决一死战。地点选在南山的鹰愁峰上，时间是这个星期日上午 10 点。早饭要吃饱、吃好，那是你最后一顿早餐啦！

知名不具

“这是阴谋！这是陷阱！万万不能去！”大头参谋长跳出来极力阻止。

小胡子将军说：“鹰愁峰，连鹰都飞不上去，别说是人啦！”

X 探长笑笑说：“这么说他也上不去了。看来战斗是在路上进行。”

小胡子将军建议 X 探长带着大头参谋长、炮兵团长和一队士兵去。

X 探长摆摆手说：“既然是决斗，我只能一个人去。你们尽管放心，假的总斗不过真的！”

星期日一大早，小胡子将军亲自开车把X探长送到南山下，进山只有一条路。X探长告别小胡子将军，独自向山上走去。

遇到一名护林警察。警察告诉他，30分钟前有一个长相和他十分相似的中年人进山了。

走了1小时，遇到一位采药老人。老人说那个人5分钟前刚过去，他行路的速度大约每小时3千米。

X探长看了一下手表，说：“时间还早，休息一会儿。”他掏出烟斗刚想吸烟，忽然想到山上有林木不能吸烟。他躺在一块青石板上闭目养神。过了45分钟，他刚想走，就听有人说：“探长好悠闲啊！”X探长回头一看是大头参谋长。

X探长生气了：“你为什么要跟着我，你马上回去！”

大头参谋长笑嘻嘻地说：“你只要告诉我，你还要多长时间可以追上他，我就回去。”

“是要算算这个时间。”X探长说，“他每小时走3千米，设我每小时走x千米。他一开始在我前面$3\times\frac{1}{2}=1\frac{1}{2}$（千米），经过1小时，我比他多走了$1\frac{1}{2}-\frac{1}{4}$千米。可以列个方程：

$$1\frac{1}{2}-\frac{1}{4}=(x-3)\times1,$$

$$x=4\frac{1}{4}。$$

我的速度为$4\frac{1}{4}$千米/小时，他现在在我前面$3\times\frac{45}{60}+\frac{1}{4}=2\frac{1}{2}$（千米）。我追上他的时间为$2\frac{1}{2}\div(4\frac{1}{4}-3)=\frac{5}{2}\div\frac{5}{4}=2$（小时）。”X探长一口气说完，再一看时间正好8点。

X探长说：“我和他正好10点相会，你快回去吧！”

单打独斗

X探长只身向鹰愁峰攀登，山真是高啊！路也真难走。他一面攀登，一面警惕地注意周围，防备假X探长的暗算。

突然，“嗷”的一声，从一块大岩石后面蹿出一只大黑熊，它张牙舞爪地扑了过来。

面对猛兽，X探长并不惊慌，他闪身躲过，照准黑熊的右腿狠狠地踹了一脚，“扑通”一声，黑熊跪倒在地。黑熊站起来又扑了过来，X探长迅速爬到一块巨石上面。

黑熊在巨石下面“嗷嗷”乱叫，无奈石头太滑，它爬不上来。

X探长冲着下面的黑熊笑笑说：“别叫啦！我踹你一脚，就知道你是一只假熊，一只由电脑控制的机器熊。”

他从口袋里掏出一只很精致的小盒子，说：“我来破译你的密码。”他飞快地按动上面的按钮，小盒子不断发出“嘟嘟”的声音。突然，小盒子发出“嘀”的叫声，显示屏上出现：“密码是1184的相亲数。”

“噢，是相亲数。这古希腊的老玩意儿可难不倒我。”X探长说，“甲、乙两个自然数，如果甲的所有因数（除去甲本身）之和等于乙，反过来乙的所有因数（除去乙本身）之和等于甲，那么甲和乙就是一对相亲数。我先来把1184分解。”

$$1184=2\times2\times2\times2\times2\times37,$$

1184的因数（除去甲本身）为1、2、4、8、16、32、37、74、148、296、592共11个。

相加：$1+2+4+8+16+32+37+74+148+296+592=1210$。

X探长点点头说：“找到啦！1184的相亲数是1210，我来按一下。”小盒子的屏幕上出现了“1210”，黑熊一下子就不动了。过了一会儿，黑熊开口说话：“你掌握了我的密码，想叫我干什么？”

X 探长命令：“去把你原来的主人，那个假 X 探长给我找出来！”

“是！”黑熊答应一声就往山上跑。

“不用找啦！我在这儿。”假 X 探长出现在另一块巨石上面。他还是打扮成 X 探长的样子。

黑熊“嗷嗷”乱叫向假 X 探长扑去。假 X 探长按了控制器上“1184”数码，黑熊又转身向 X 探长扑去。

X 探长按了小盒子上的“1210”数码，让黑熊停止活动。他对假 X 探长说：“好了，我们不要再折腾这只可怜的机器熊啦！鹰愁峰咱俩谁也上不去，不如咱俩提前在这儿决斗吧！”

“正合我意，这样可以提前一个多小时结束你的性命。”假 X 探长满脸杀气。

X 探长说：“我这个人不喜欢预测结果。请问怎么个决斗法？”

假 X 探长“哼哼”了两声，说：“你到处宣传你是数学探长，擅长数学。在你死前，我要先测试一下，看看你到底有多大本领！”他拿出一个靶牌，放在距他们俩等远的地方。

假 X 探长掏出手枪，说：“按照图上的数字排列的规律，*A*、*B*、*C*、*D* 处都应该填上一个数。我用枪打中哪个字母，在 5 秒钟之内你必须说出这个地方应填什么数。”

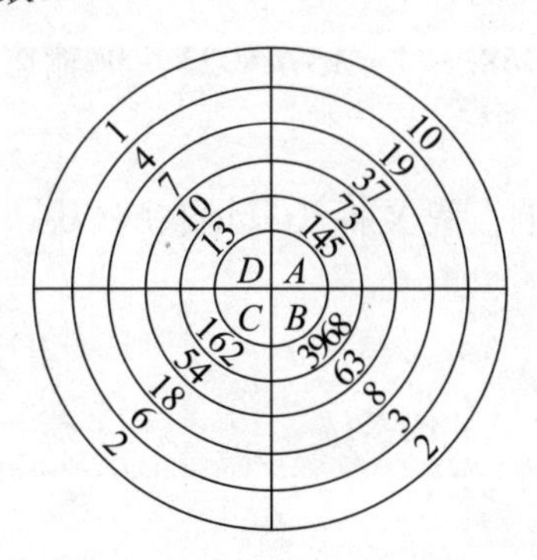

X 探长掏出他那个特大号烟斗，放上烟丝，用打火机点着，吸了一

口，问:“我如果在5秒钟内说不出答案呢?”

假X探长双眼一瞪说:“我下一枪就射穿你的心脏!”

X探长吐了一口烟，笑眯眯地说:“就这样，你开枪，我计算。”

“砰”的一声，正中字母A。X探长答:“289。”

“什么规律?”

“由外向里，每后一个数是前一个数的2倍减1。

$$145\times2-1=290-1=289。”$$

“砰”的又一响，字母D被打中。

X探长说:“应该填16，后一个数是前一个数加3。”

“砰”“砰”这次连响两枪。假X探长一愣，他暗自纳闷儿，我每次都打一枪，这次怎么出现两枪?他转身一看，X探长把烟斗反着拿，烟斗原来也是一支枪，这另一枪正是从烟斗中射出来的。

假X探长转回头一看，字母B、C全被击中。他知道字母B是真X探长击中的。

X探长很快地说出:“根据后一个数是前一个数3倍的规律，C处应该填$162\times3=486$。请你在5秒钟内答出字母B处应该填几?”

“这……”由于这一切发生得太快，假X探长一下子卡壳了。

“时间到了，我替你答吧!根据后一个数是前一个数的平方减1的规律，B处应该填$(3968)^2-1=15745023$，你输啦!”X探长说完按动烟斗。

只听“砰”的一响，假X探长只觉左胸心脏处一热，他大叫一声:“啊!”

红头子弹

假 X 探长听到“砰”的一响，觉得左胸一热，以为自己心脏部位中弹，他不自觉地用手去摸中弹部位，摸到的不是血，而是被烫了一下。原来这次 X 探长射出的不是子弹，是一团燃烧的烟丝。

X 探长重新往烟斗里装烟丝，边装边说：“快把你身上的烟丝抖掉，不然的话会把你的衣服烧着。”假 X 探长赶紧抖掉烟丝，发现衣服已被烧了一个大洞。

X 探长点着烟丝，问：“这一轮决斗结束了，下一轮咱们如何斗法？”

“咱们还是先斗智后斗勇。”假 X 探长说着从背包中取出个小皮口袋，“我这个口袋里装有两种子弹，黑头的是普通子弹，红头的是麻醉弹。我让你猜一猜这口袋里共有多少颗子弹？”

X 探长问：“什么条件？”

假 X 探长从皮口袋中取出一颗红头子弹，说：“我取出 1 颗红头子弹，剩余的子弹中有$\frac{1}{7}$是红头的。”

他把红头子弹放回口袋，又从中取出 2 颗黑头子弹，说：“我取出 2 颗黑头子弹，剩余的子弹中有$\frac{1}{5}$是红头的。”

“我还是用方程给你算。”X 探长说，“我设口袋里红头子弹有 x 颗，黑头子弹有 y 颗。取出一颗红头子弹，口袋里剩 $(x-1)+y$ 颗，而红头的有 $x-1$ 颗，占$\frac{1}{7}$，可列方程：

$$x-1=\frac{1}{7}(x-1+y),$$

再放回去，又取出 2 颗黑头子弹，口袋里剩下 $x+(y-2)$ 颗，红头占$\frac{1}{5}$，可列方程：

$$x=\frac{1}{5}(x+y-2)。$$

整理上面两个方程，得 $$6x-y=6, \quad ①$$

$$4x-y=-2。 \qquad ②$$

①－②得$x=4$，又可得 $y=18$。”

X 探长说：“你的口袋中共有 22 颗子弹，其中有 4 颗麻醉弹。我算完了，下面该斗勇了。”

假 X 探长冷笑了一声，说：“我闭上眼睛从口袋里随便摸一颗子弹。”他摸完后，把口袋扔给了 X 探长，假 X 探长指指口袋说：“你也闭上眼睛从口袋中随便摸出一颗子弹。咱俩采用欧洲中世纪决斗的方法，举枪对射！”

“好主意！”X 探长从口袋里摸出一颗子弹。他说，“由于口袋里有普通子弹和麻醉弹，咱俩的生死就要看运气了。你摸的如果是红头子弹，我摸的是黑头子弹，那你死我活！”

假 X 探长举起手中的黑头子弹“哈哈”一阵狂笑：“看来不是我死你活，而是你必死无疑！”说完把黑头子弹装进手枪中。

X 探长把手中的子弹也举了起来，说：“我摸到的却是红头子弹，我的手气不错啊！红头子弹只占$\frac{2}{11}$，却被我摸着啦！”他把子弹装进了烟斗里。

假 X 探长把手臂向前平伸，枪口对准 X 探长，问道：“临死前，你还有什么话要交代吗?”

“别的要求没有，容我吸两口烟吧！”说完他又向烟斗中加了点烟丝。

假 X 探长让手枪在食指上转了一个圈儿，说：“让你这个烟鬼最后过一过烟瘾吧！”

X 探长用力吸了一口烟，又迅速把烟吐了出来。过了一会儿，假 X 探长闻到一股很特殊的烟草香味。

X 探长把烟灰磕掉，说：“烟瘾过完了，咱们开始决斗吧！”说完把烟斗举了起来。

假 X 探长手举着枪，瞄准 X 探长。怎么回事？眼前的 X 探长模糊不清，有好几个X探长的影子在眼前晃动。他转念一想，X探长刚才吸的那两口烟，里面有鬼！可能含有致幻剂，使人闻了会产生幻觉。他从口袋里摸出一粒红色小药丸，扔进口中。

X探长说："你喊一、二、三，咱俩同时开枪。"

假X探长喊："一、二、三。""砰""砰"两枪几乎同时射出。假X探长射出的黑头子弹，距X探长有1米远飞走了。而假X探长却右臂中弹，他扔掉手枪，晃晃悠悠地在原地转了个圈儿，"扑通"一声倒在了地上。

X探长笑了笑说："倒了，倒了，看来这个麻醉弹还挺灵，我带你去见小胡子将军吧！"他刚要挪步，就听背后有人喊："别动！再动我一枪打死你！"

X探长回头一看，奇怪！背后又出现了一个X探长！

这时倒在地上的假X探长也爬了起来，他说："我已吃过解药，麻醉弹对我不起作用！"

X探长仰面哈哈大笑："看来你这个假X探长的生命力极强，一个变两个，两个变三个，越变越多，越来越真假难分了。"

两个假X探长拿着两支手枪，一左一右挟持着X探长往山上走。没走几步，远处飞来一架直升机，停在他们头顶上，放下软梯，3个真假X探长顺着软梯爬上了直升机。

这一切，大头参谋长看得清清楚楚。他怕误伤X探长，也不敢射击，眼睁睁地看着直升机飞走了。

大头参谋长一屁股坐在地上，大叫："完啦！"

特殊考试

X 探长被假 X 探长劫持的消息，在和平城驻军司令部引起了极大的震动，小胡子将军召开紧急会议，商讨营救 X 探长的方案。

炮兵团长涨红了脸说："给我 200 名士兵，我去把 X 探长救回来!"

大头参谋长晃了晃大脑袋问："你知道假 X 探长现在躲在什么地方？你去哪儿救?"

大家你一句我一句，谁也想不出好的营救方法。正当大家一筹莫展之时，卫兵跑进来报告说，X 探长一个人回来了。

大家往门口一看，只见 X 探长右手握着他那特大号烟斗走了进来，大家先是一愣，接着都跑了过去，握住 X 探长的手，问这问那，只有小胡子将军坐在那里纹丝不动。

大头参谋长好生奇怪，他问道："小胡子将军，你为什么不起来欢迎 X 探长呢?"

小胡子将军冷冷地说："谁知道这个 X 探长是真的还是假的?"

大头参谋长提醒说："你可以戴上特殊眼镜，看看他身上有没有特殊记号。"

小胡子将军摇摇头说："被人知道的秘密，已经不是什么秘密了。"

炮兵团长急着问："将军，你说怎么办?"

小胡子将军站起来，走到办公桌前，说："咱们应该好好想想，什么是 X 探长的绝活儿？这种绝活儿别人不可能几天内学会。"

炮兵团长说："是解方程，X 探长解方程可谓一绝!"小胡子将军摇摇头。大家一阵沉默，X 探长站在那儿，笑眯眯地吸着烟，等待着辨别。

突然，大头参谋长一拍大腿说："有啦！ X 探长最绝的是吹射烟丝！他用力吹那个特大号烟斗，燃烧的烟丝会像箭一样地飞向目标，百发百中。"

“对！”大头参谋长一席话，提醒了小胡子将军。他拍了一下前额说，“我有主意啦！卫兵，拿一张硬纸来。”他在硬纸上画了一个“十”字。

小胡子将军指着“十”字说：“这个‘十’字中 $AB=BC=CD$，请 X 探长在 10 米以外，用吹射烟丝的方法在‘十’字上烫出几个点。按这些点的连线把‘十’字剪开，恰好能拼出一个正方形。”

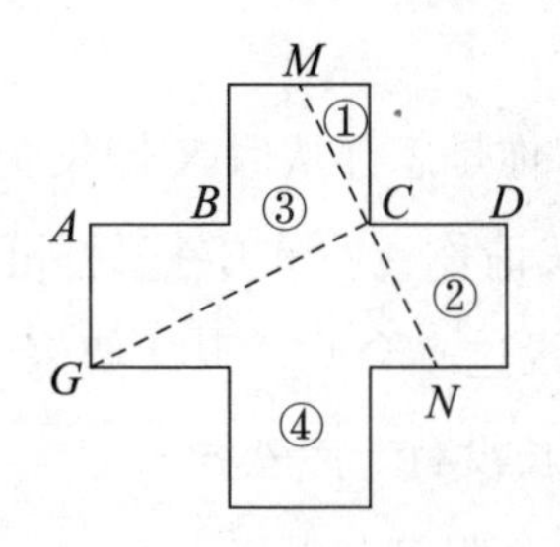

“好！”在场的人一致叫好。大家说，这种考法，既考了吹射烟丝的本领，又考了数学，连 X 探长也称赞是“一箭双雕”。

X 探长退到 10 米之外，拿起他那个特大烟斗，猛吸了几口，趁烟丝燃烧正旺之时，转动烟斗吹出两缕火红的烟丝，在“十”字上烫出两条线段 MN 和 CG。

X 探长走近“十”字，沿着 MN、CG 把“十”字撕成 4 块，重新拼成一个正方形。

“好！”在场的人一齐叫好，大家都说这个 X 探长肯定是真的。

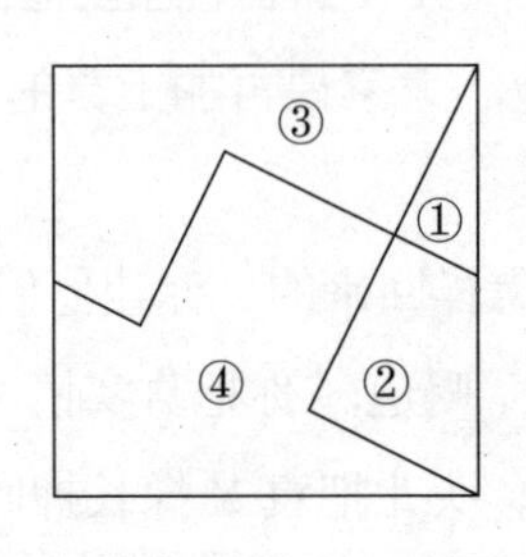

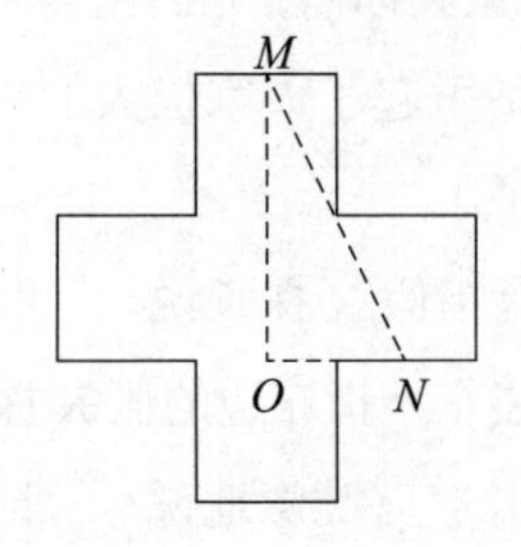

小胡子将军还是不表态，他冷冷地问：“请说说其中的道理。”

“好的。”X 探长给烟斗添了些烟丝后说，“假设 AB 的长度为 1，这个‘十’字的面积就是5。把这个‘十’字拼成一个正方形，那么正方形的面积必然也是5，它的边长必然是$\sqrt{5}$。”

大头参谋长连连点头说：“对、对，新正方形的边长就是$\sqrt{5}$。”

X探长在纸上画了个图，说：“$\triangle MON$组成一个直角三角形，其中$NO=1$，$MO=2$，因此$MN=\sqrt{1^2+2^2}=\sqrt{5}$。同样道理$CG$也是$\sqrt{5}$，这正是新正方形的边长!”

小胡子将军又问：“你是怎样从假X探长魔掌中逃出来的?”

X探长对卫兵说：“请你到汽车中把另外两个‘我’请出来!”卫兵答应一声转身出去。没过多会儿，卫兵架来两个神志不清的X探长。从外形上看，与真X探长没有一点差异。

小胡子将军问：“两个假X探长?”

X探长双手一摊说：“我知道这两个都是假的，哪个是头儿，我可说不清。”说完，他从口袋里掏出一个小药瓶，打开瓶盖给他俩闻了闻，两个假X探长很快就苏醒过来了，士兵给他俩戴上了手铐。

X探长说：“这次我去了一趟假X探长的大本营，才弄清楚假X探长原来是一个大剧院的化装师兼演员。他化装技术非常高超，由他化装的替身演员可以以假乱真。可是坏也坏在他的化装技术上。”

小胡子将军问：“这是为什么?”

“他为了蒙骗你们，先后化装了6个假X探长，加上他自己共7个。”X探长这段话引起了大家极大的兴趣。大家说再加上真的一共8个啦!这可乱了套了。

X探长指指假X探长说：“我是怎样回来的，你让他们说吧!”

小胡子将军一指左边的假X探长，喝道：“你把真实情况如实招来!”

假X探长哆哆嗦嗦地说：“那天，头儿把真X探长押回大本营。头儿让我们6个假的好好学他的一举一动。他抽烟，我们也抽，忽然闻到一股特殊烟味，我就失去了知觉。”

破地雷阵

假X探长在叙述被捕的过程时说，他闻到一股特殊的烟味，就失去了知觉。

X探长笑了笑，从口袋中一下子掏出6个烟丝袋。他说："我抽的烟丝有很大学问。这6袋烟丝中有普通烟丝，有使人晕倒的烟丝，还有致幻烟丝，闻到这种烟味会使人产生各种幻觉。烟丝也是我制伏敌人的武器。"

小胡子将军此时才面露笑容，他催促说："X探长，快说说闯入敌人大本营的情况。"

X探长说："当两个假X探长劫持我的时候，我完全有能力脱身。后来我想，这个假X探长神出鬼没，很难掌握。我必须摸透他的老底，索性跟他们走一趟。"

炮兵团长问："他们的大本营在哪儿？有多少人？"

X探长说："直升机迎着太阳飞，当时时间是上午10时30分，我可以肯定它是朝东南方向飞。飞行速度大约是每小时200千米，飞了有20分钟，这样飞行差不多有70千米。"

小胡子将军走到军用地图前，找到了相应的位置，说："大约在野猪洞附近。"

"说得对！"X探长补充说，"直升机降落在山坳里，我被带进一个很大的山洞里。"

小胡子将军说："那个洞就是野猪洞。由于常有野猪出没，除了猎人很少有人去。"

大头参谋长问两个假X探长，他们的大本营是不是设在野猪洞，他们点头称是。从他们嘴里知道，这是一个走私贩毒集团，头头外号叫"千面人"，总共有20多名匪徒，配有各种现代化武器，来和平城的目的，是想在和平城建立一个毒品交易中心。

小胡子将军下达命令："炮兵团长带一个团的士兵把野猪洞及周围地区团团围住，带上几门高射炮，防止他们从空中逃走!"

"是!"炮兵团长转身走了出去。

小胡子将军又命令："大头参谋长，你也带一个团的士兵由这两个假X探长引路，直捣野猪洞!"

"是!"大头参谋长答应一声，刚想转身出去，两个假X探长"扑通"一声，一齐跪倒在地，高叫，"小胡子将军饶命!"

小胡子将军吃了一惊，问："怎么回事？我没想杀你们呀!"

两个假X探长说："您不杀我们，可是'千面人'在野猪洞的周围，布设了许多电子地雷，威力十分强大，我们俩带你们往里闯，必死无疑呀!"

X探长向前走一步，说："不对呀！在你们晕倒时，我拖着你们俩出了野猪洞，上了一辆吉普车直接开了出来，并没有遇到电子地雷呀?"

一个假X探长说："平时电子地雷是关着的，免得伤了猎人。一旦打开开关，你就别想靠近野猪洞!"

小胡子将军双眉紧皱，问："有这么厉害？你们说说如何破法?"

另一个假X探长说："我只知道这个地雷阵叫'等积电子雷'。必须有很高的数学素养，才能破这个电子地雷阵。"

"有X探长我们不怕任何数学问题!"小胡子将军一挥手说，"走，咱们去破地雷阵!"

小胡子将军率部队来到了野猪洞，见炮兵团长把野猪洞围了个水泄不通，几门高射炮直指天空。一名假X探长匍匐前进，爬到一块大石头前，伸手从石头缝儿中掏出一个小金属盒。打开盒盖，里面是一个圆形屏幕，屏幕上亮着3个小亮点。中心处是一个红点，往外依次是一个绿点，一个黄点。

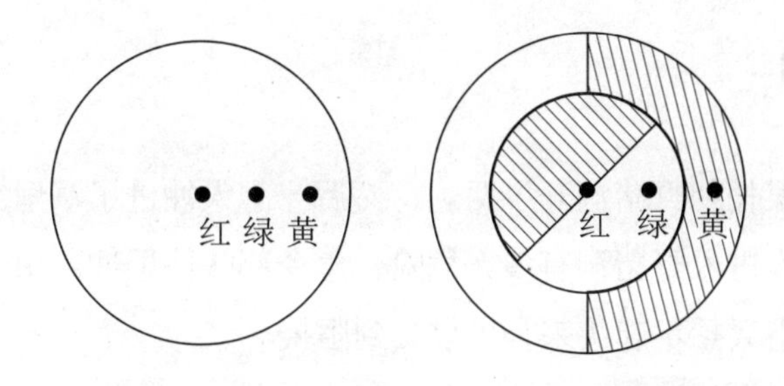

假X探长拿出一支电子笔说："用这支电子笔把这个圆屏幕分成形状和大小完全相同的两块，使一块中含有绿点，另一块中含有黄点。"

小胡子将军问："如果分对了，会怎么样？"

"电子雷在半小时内不会爆炸。"

"如果分错了呢？"

"这个控制盒首先会爆炸！"

小胡子将军点点头说："这次全看X探长的啦！"

X探长一句话也没说，以红亮点为圆心做了一个小同心圆，使得绿点在小圆内，黄点在小圆外。又做了两条直径，把圆形屏幕分成带斜线和不带斜线两部分。

大头参谋长跑过来一看，大叫："好！分得好，这两部分不但面积相等，形状也完全一样！"

小胡子将军一挥手说："抓紧半小时的时间攻进野猪洞，活捉千面人！"

"冲呀！"士兵们听说没有地雷了，端起枪就冲向野猪洞。

"砰、砰""砰、砰"。双方在野猪洞外展开了战斗。由于匪徒工事修得十分坚固，打了半个小时也没攻进去。

大头参谋长急了，他扛起一门轻型火箭炮朝着山洞口"咚、咚"开了两炮，趁着硝烟未散，大头参谋长一个人冲进了野猪洞。

小胡子将军在后面大喊："别一个人进去，危险！"

真相大白

大头参谋长朝野猪洞开了两炮，然后一个人冲进了洞里。小胡子将军知道一个人进入野猪洞有多么危险，急令部队往里冲。由于里面火力太猛，打得士兵抬不起头来，进攻受到阻挠。

怎么办？小胡子将军十分着急。

“我来试试。”X探长一手拉上一个假X探长，径直朝野猪洞走去。

说也奇怪，3个X探长一出现，野猪洞里立刻停止了射击。野猪洞周围显得异常安静，只听见3个X探长走路的脚步声。

当3个人走到离野猪洞还有30米远时，里面的扩音机传出了声音：“站住！你们3个人举起双手，把身体转过去！”

3个人乖乖地举起双手，然后原地向后转。从野猪洞里跑出一名匪徒，对真假X探长进行搜身，拿走每个人的大烟斗和烟丝口袋。

扩音机又响了：“你们3个人中只有一个是真X探长，为了区分出来哪个是真X探长，请抢答我下面的问题：刚才我们抓住了大头参谋长。拿他当靶子，进行了一次射击比赛。每人朝大头参谋长打4枪，结果有$\frac{1}{3}$的人打飞了一枪，$\frac{1}{4}$的人打飞了两枪，$\frac{1}{6}$的人打飞了三枪，$\frac{1}{8}$的人四枪全打飞了。参加射击的不超过30人，问四枪全部打中的有多少人？”

炮兵团长听了这道题，放声大哭：“完了！大头参谋长被打成筛子啦！我的好兄弟呀！哇……”

“别哭！”小胡子将军的胡子向上翘起说，“他们在进行心理战，别听他瞎说。”

站在中间的真X探长突然转过身，说：“我来回答：四枪打中的一个也没有，因为你们根本就没抓住大头参谋长！”

“嗯……”扩音机的声音犹豫了一下，又厉声说道，“要按着我出的题答，不谈真实情况！”

炮兵团长听说大头参谋长没事儿，立刻破涕为笑，“哈哈，还是X探长行，一句话就戳穿了他们的谎言！”

X探长笑了笑说：“好，我按你的题来答，先求参加射击比赛的人数。由于这个人数可以被3、4、6、8整除，可先求3、4、6、8的最小公倍数，是24。又由于参加比赛的人数不超过30人，所以人数就是24，其中没有全部击中的人数是$24\times(\frac{1}{3}+\frac{1}{4}+\frac{1}{6}+\frac{1}{8})=24\times\frac{21}{24}=21$（人），全部击中的只有3人。射击技术真不行！”

扩音机里传出声音：“看来，你是货真价实的X探长喽！左右两个假的，把这个真货给我押进来！”

“是！”站在两边的假X探长动手要抓X探长。

X探长右手向上一举，喊了一声：“慢！”然后向前走了两步说，“千面人，小胡子将军已用两个团的兵力将野猪洞团团围住，你现在是上天无路，入地无门，投降可以求活，顽抗只有死路一条。我进野猪洞就是和你商谈条件的，我作为一方使者，你不得无理！”

经过了一段时间的沉默，里面说：“好吧！你的大烟斗已被我们没收，量你也玩不出什么新花样！你进洞吧！”

X探长走到离洞口只有几步远时，野猪洞里响起了激烈的枪声。X探长右拳向空中一挥，说：“好！大头参谋长在里面打响啦！”接着以迅雷不及掩耳之势，将左右两个假X探长击倒在地，一个箭步蹿到了洞口，没等守洞口的匪徒反应过来，就把他们一一击倒。

X探长抄起匪徒的机关枪，对着里面就扫了一梭子，他冲外面喊了一声：“快冲！”小胡子将军站起来，大喊：“冲啊！”一马当先冲了上去。

经过一场短兵相接，小胡子将军的部队攻占了野猪洞，打死了12名匪徒，抓住了5个假X探长。

X探长掰着手指数着：“洞外被我打晕了两个，这里捉了5个，再加上我，一共8个真假X探长，一人也不少！”

大头参谋长左臂受伤，脖子上吊着绷带。他右手拿着手枪，用枪管一个一个地点着5个假X探长的鼻子，边点边说：“你们谁是千面人？快说出来，不说，我把你们都毙了！”

5个假X探长个个面带冷笑，一言不发。大头参谋长刚想发火，X探长走了过来，“刺啦”“刺啦”“刺啦”地把5个假X探长的右袖子全撕了下来。他认真查看这5个人的右臂，突然，从中拉出一个，说：“千面人，这场戏该结束了吧！你右臂上被我打中的枪眼儿，为什么不化装一下呢？”

千面人叹了一口气说：“唉，智者千虑，必有一失，我忽视了这一点。”

X探长撕下他的假面具，发现他是一个长得很不错的年轻人。X探长摇摇头说：“可惜了，一个挺像样的演员！”

小胡子将军命令：“全部押走！”

4. X探长智闯黑谷

化装侦察

X探长与和平城驻军司令小胡子将军是老朋友了，他帮助小胡子将军侦破了一个又一个复杂的案件，取得了一个又一个胜利。和平城在小胡子将军的治理和X探长的帮助下，犯罪案件逐年减少，呈现出一派和平景象。但是，离和平城大约50千米的一处叫黑谷的地方，却成了犯罪分子聚集的场所，他们在这里贩卖毒品、倒卖军火、杀人越货，无恶不作。

一天，X探长来到了小胡子将军司令部。小胡子将军赶忙起来迎接，两人紧紧握手。

小胡子将军问："奇怪呀，什么风把探长给刮来了？我们和平城近来可没发生什么大案。"

X探长笑了笑说："和平城里没事，可是城外却不安宁啊！"

3☆4=5

小胡子将军用手拍着X探长问：“这么说，你是为了黑谷而来？”

X探长微笑着点了点头：“将军一猜便中，我正是为黑谷来贵司令部搬兵的。”

“太好啦！”小胡子将军用力一拍手，“探长不来，我也准备去消灭黑谷中的犯罪分子。咱们联手作战，必须彻底地消灭这群坏蛋！”

X探长收敛了笑容，停顿了一会儿说：“恐怕不那么简单。黑谷中的犯罪分子非常狡猾，他们手段十分毒辣，并不好对付。”

小胡子将军往前走了一步，问：“探长的意思是……”

“为了摸清黑谷的底细，我们来一次化装侦察。”X探长指一指自己说，“我化装成大公司的董事长。”

“像！探长的块头和派头，不用化装就是一名董事长。”小胡子将军频频点头，他又问，“探长，你看我化装成什么好？”

“你嘛……”X探长围着小胡子将军转了一圈儿，上下打量他，“你长得比较瘦，又留着小胡子，我看你化装成算命先生最合适！”

“算命先生？我可不会算命！”小胡子将军对自己将要扮演的角色大吃一惊。

X探长笑笑说：“这些匪徒都非常迷信，把算命先生的话句句当真！”

大头参谋长和炮兵团长闻讯跑来，也要求化装侦察。X探长叫大头参谋长当他的保镖，让炮兵团长当黑帮头子，并挑选了几个枪法好、武功高的士兵当打手，来个以毒攻毒！

经过化装师的一番打扮，他们个个变了样。X探长穿着名贵西装，戴着墨镜，只是口中叼的还是那只大烟斗。大头参谋长开了一辆“宝马”车来接他。大头参谋长下身穿牛仔裤，上身穿黑色大背心，两条满是肌肉的胳膊露在外边，腰里别着两支大号手枪，也戴着一副墨镜，头剃得锃亮，光可照人。大头参谋长打开车门，X探长低头上了车，汽车一阵风似的开走了，直奔黑谷。

表面上看，黑谷并没有什么特殊的地方。一条大街，两边有各种各样的商店，卖什么的都有，不过来买东西的人不多。附近的居民都知道，这些商店并不卖货架上摆着的货，真正卖的货，要到后面密室里才看得到。

他们的车在一家卖装饰材料的商店前停下。X 探长走出汽车，进了商店，也不和店员打声招呼，径直向后面走去。

店员刚想阻拦，大头参谋长低声说了句："做大买卖的！"直奔后面密室。密室里设施十分简单，一条长桌，两边各有几把椅子。X 探长坐在椅子上，大头参谋长站在椅子背后。

里面的门一开，进来三个人，两个年轻的一看就知道是打手。一个中年人，肤色较黑，体态很魁梧，他坐到了 X 探长对面。

中年人问："要什么？"

X 探长说："前几天大成珠宝行丢了一批非洲钻石，我想都买过来。"

中年人一怔，接着又笑了笑说："只卖给你一颗。"

X 探长问："什么价钱？"

中年人说："价钱嘛，是个六位数，其个位上数字是 6，如果将 6 移到最高位数前面，所得的新六位数恰是原数的 4 倍。你看怎么样？"

X 探长回头对大头参谋长说："你来算算价格是多少？"

大头参谋长说："它是一个六位数，个位数字是 6。可以设前五位数是 x，这个六位数就是 $10x+6$。把 6 移到最高位数前面，它就变成 6×100000，而新的六位数是 $600000+x$。这时新数是原数的 4 倍，可列出方程：

$$4(10x+6)=600000+x,$$

$$39x=599976,$$

$$x=15384。"$$

X 探长吸了一口烟，说："这颗钻石开价是 153846 美元喽？"

中年人把身子往前一探说："花 15 万美元买这么好的非洲钻石，你算捡了一个大便宜!”

X 探长好像不把 15 万美元当回事，他说:“只要货好，我不怕花钱，我要看看货!”

中年人冷笑了一声说:“看货? 要一手交钱，一手看货!”

X 探长站起来，对大头参谋长一扭头说:“既然这笔买卖不想做，咱们走!”两人刚要迈步，对方的两名打手飞快地掏出手枪喝道:“走? 没那么容易! 摸了我们的底，想溜走，没门儿!”

非洲钻石

X 探长见中年人不肯拿出钻石，起身就走。两名各戴着一个大耳环的打手，掏出手枪拦住 X 探长。

“你们想干什么?”“砰”“砰”大头参谋长甩手就是两枪，“当啷”“当啷”这两枪将两名打手的耳环打落在地。

两名打手同时用手摸了一下自己的耳朵，惊叫:“好厉害的枪法!”

“哈哈。”中年人大笑了两声说，“果然身手不凡! 有这么好枪法的只可能是两种人。”

大头参谋长问:“哪两种人?”

“或者是杀人如麻的土匪，或者是身经百战的警察。”中年人盯住大头参谋长说，“至于你们二位是什么人，只有你们自己知道!”

“买卖要做，货让看，可是货在黑谷第几号房子里我可不清楚。有本事自己去算吧!”中年人在纸上写了几行字，又画了几个圆圈儿递给了 X 探长。X 探长接过纸条一看，只见上面写着:

非洲钻石在黑谷第 m 号，

$m=[○÷○×(○+○)]-(○×○+○-○)$。

从 1 到 9 中不重复地选出 8 个数，分别填进上面圆圈儿中，使 m 的数值尽可能大。

X 探长冲中年人微微一笑，把纸条装进口袋里就走了出去。两个人上了汽车，大头参谋长回头把纸条要了过去。

大头参谋长看着这张纸条，自言自语地说："既然要 m 最大，最左边一个圆圈儿一定要选最大的 9，第二个圆圈儿要选个最小的 1。"

X 探长在后排座说："两个圆圈儿相加也要尽量的大，一个填 7，一个填 8。"

"对。"大头参谋长说，"右边的圆圈括号前面是减法，要求它的值尽量小。现在还剩下 2、3、4、5、6 五个数没用，选哪四个呢?"

他想了一下，一拍大腿说："有啦！○ × ○＋○这三个圈儿尽量填小一点的数，而最后一个圆圈儿要填大数。"说完就填好了：

[⑨÷①×(⑦+⑧)]−(②×③+④−⑥)=131。

X 探长催促说："咱们快去黑谷 131 号。"大头参谋长开车直奔 131 号。停下车，大头参谋长率先闯了进去，进门就说："我要买非洲钻石。"话声未落，从门后一左一右蹿出两个汉子，扭住他的双臂要把大头参谋长制伏。说时迟，那时快，大头参谋长大喊一声："滚开!"用他那大号脑袋，照着两个汉子的胸膛一人给了一个"羊头"。这一招儿十分厉害，两个壮汉被撞得倒退几步坐在地上。

大头参谋长迅速亮出手枪，逼住两个壮汉："不许动！你们敢动一下我就打死你们!"

"果然好身手!"坐在沙发上的一个老头笑眯眯地说，"二位是来看货的，请坐!"然后向后一招手。一个又高又壮的男青年捧着一个锦缎盒走了出来，里面有一颗栗子大的非洲钻石。

X 探长拿起钻石仔细看了看，"啪"的一声扔在地上，生气地说："拿个玻璃球来骗我！”

老头从沙发上忽地站了起来，用手指着X探长：“你……”

X探长拍了下老头的肩，说：“别着急，别着急。丢失的这批价值连城的非洲钻石一共5颗，分别叫作火、风、土、水和宇宙。”

“噢，你还挺在行，接着往下说。”老头又慢慢坐了下来。

X探长掏出他的大号烟斗，放进烟丝，点着，慢慢地吸了一口：“非洲钻石被加工成正多面体形状，而正多面体只有5种形状：正四面体、正六面体、正八面体、正二十面体和正十二面体。在古希腊这5种正多面体分别表示火、风、土、水和宇宙。所以给5颗非洲钻石起了这样一组名字。”

勤学好问的大头参谋长，对这个问题产生了兴趣，他问：“为什么正多面体只有5种呢？”

X探长使劲看了一眼大头参谋长，心想，这都什么时候了，你还有空儿问数学问题？但是表面上，X探长还要装着若无其事的样子。他笑了笑说：“今天咱们是来做买卖，有些问题来不及细讲，我可以告诉你一个最基本的定理，用v表示一个凸多面体的顶点数，e表示它的棱数，f表示它的面数，这三者应该满足关系式：$v-e+f=2$。”

老头身子往前探了探，问：“这火、风、土、水和宇宙5颗钻石，你想买哪颗？”

“宇宙。”X探长毫不犹豫地说，“我要买‘宇宙’。有了宇宙，就有了世界上的一切！”

老头微微地点了点头，心想，这个买主是绝对的内行！老头笑了笑说：“货要卖给识家，宇宙宝石是这5颗宝石中最大、成色最好、最珍贵的一颗。你要买这颗‘宇宙’，15万美元是买不了的。”

“货再好，总有个价，你开个价吧！”X探长从口袋里掏出支票本，等着老头报价。

老头想了想说：“你先给10万美元订金，2天后再带90万美元来取货。”X探长立刻开了一张10万美元的支票递了过去，站起来挥了挥手说：“2天后再见！”说完与大头参谋长走了出去。

老头手里拿着支票，皱着眉头说：“这个买者到底是什么人？”两个打手也摇了摇头。正在此时，外面传来算卦人的叫声：“算卦，算卦，最新科技的电脑算卦！百算百准！”

老头眼睛一亮，对打手说：“把算卦的叫进来！”

科学算卦

老头让打手把算卦先生叫了进来。只见算卦先生有50多岁，瘦高个儿，嘴唇上留着两撇小胡子，穿着深灰色的中式长衫，左手拿着一个布招牌，上面画着一个八卦，下写“科学算卦”4个大字，右手提着一台最新式的笔记本电脑。

算卦先生在沙发上坐好，问：“不知老先生想问什么？”

老头冷冷地说：“我要问宇宙的前途。”

“宇宙？”算卦先生微微一怔，接着笑了笑说，“老先生好大气魄！张口就问宇宙。按照古希腊大数学家毕达哥拉斯的观点，数10代表宇宙。”他打开笔记本电脑，按了几下键，屏幕上立刻显示出一个算式：

$$10=1+2+3+4。$$

算卦先生指着屏幕说：“这1、2、3、4四个数为四象，长流不息的自然的根源就包含于这四象之中。整个宇宙就是由10种对立物所构成，它们是奇与偶，有界与无界，善与恶，左与右，一与多，雄与雌，直与曲，正方与长方，亮与暗，静与动。”算卦人这一番话把老头说得频频点头，心想，是个算卦老手。

算卦先生喝了一口水，说：“既然宇宙是10，你问宇宙的前途必然是十全十美，是极好的前程。”

老头脸上露出了笑容，他又问：“宇宙能卖出去吗?”

算卦先生答：“我只能算出有百分之几的可能性。”

老头点点头说：“算出可能性也行。”

算卦先生在键盘上按了两下，屏幕上显示出 $x\%$。算卦先生问：“x 除以 2，你希望余几?”

老头说：“一个自然数被 2 除。如果有余数，只能是 1 呀!”

算卦先生又问：“x 除以 3，你希望余几?”

老头说：“余 2。”

算卦先生接着问：“如果 x 再分别除以 4，除以 5，你希望余几呢?”

老头答：“前一个余 3，后一个余 4。”

“好!”算卦先生在键盘上又按了几下，屏幕上显示出 $x=59$。

“59？对吗?”老头自己心算了一下，“这个数除以 2 余 1，除以 3 余 2，除以 4 余 3，除以 5 余 4。如果给这个数加上 1，变成 $x+1$，它必然能够同时被 2、3、4、5 整除，这个 $x+1$ 就应该是 2、3、4、5 的最小公倍数，是 60。$x=59$，对，没错!”

算卦先生指着屏幕说：“你卖出去的可能性是百分之五十九。”

“嗞——”老头倒吸了一口凉气说，“这个百分比可不高呀!”

两名打手在一旁说：“这买卖不做了。2 天后他们来，咱们把他们收拾了，钱咱们留下!”

“胡说!”老头把眼睛一瞪，“有这么做买卖的吗?”他转脸对算卦先生说：“你给算算，这笔买卖怎样做，才能挣大钱?”

算卦先生又按了一下键盘，屏幕上显示出：

$$1\times2\times3=6，1+2+3=6。$$

算卦先生紧皱眉头，自言自语地说：“6！做成这笔买卖一定要和 6 有关。”

“6？”老头也在琢磨这个神奇的数。突然他一拍大腿说：“我明白了，要6颗钻石一起卖给他们！”

一名打手提醒说：“头儿，别忘了，咱们只有火、风、土、水、宇宙5颗钻石！”

老头又一瞪眼，吼道：“傻子！咱们给他们搭上一颗假钻石，这颗假钻石能净挣他们几十万美元！”

另一个打手问算卦先生：“$1\times2\times3=6$和$1+2+3=6$，这两个式子怎么算出来的？”

“问得好！”算卦先生称赞说，“凡事总要有个道理。什么数最完美无缺？当这个数除去它自己之外的因数之和仍然等于自己时，它才完美无缺。而最小的完美无缺的数就是6。你们把6颗钻石一起卖，一定能卖成！”

“借你的吉言！谢谢算卦先生。”老头递给算卦先生100元酬金。

算卦先生刚出门，老头小声对一名打手说：“跟着他，看他往哪儿去！”打手答应了一声，闪身走了出去。

算卦先生在黑谷中继续向前走，一边走一边吆喝，打手在后面紧紧跟着。突然从路边走出一个壮汉，他长得又高又壮，留着络腮胡子，左眼还戴着个眼罩，右手拿着一沓钞票拦住了盯梢的打手。

壮汉低声问：“换美元吗？”

打手正急于跟踪算命先生，哪儿有工夫和他换美元，打手摆摆手说：“不换！”

壮汉一把拉住打手，急切地说：“我愿出高价和你换，我有急用！”

打手一瞪眼，恶狠狠地说：“你等着急用，我还有急事呢！快躲开，别找不自在！”

壮汉也提高了嗓门儿，说：“不换就不换，你横什么？”

“我横？我还打你哪！”打手伸出右拳来了个“黑虎掏心”。

“跟我玩几手！”壮汉闪身躲过来拳，抬起左腿照着打手的前胸就是一脚，“噔、噔、噔”，打手一连退了3步，“扑通”一屁股坐在了地上。打手哪吃过这亏，从地上跳起来就和壮汉打在了一起。可是他哪里是壮汉的对手，几个回合下来，已经是鼻肿眼青了。打手再一看，算卦先生早已不知去向。

打手指着壮汉说：“好样的，你在这儿等着！”然后撒腿就往回跑。

壮汉摘下眼罩“哈哈”大笑。这个壮汉到底是谁呢？

开箱密码

你知道这个戴眼罩的壮汉是谁吗？他正是炮兵团长。X探长让小胡子将军化装成算卦先生，去安抚住老头，又让炮兵团长化装成独眼壮汉去截住跟踪小胡子将军的打手，看来一切进行得都很顺利。

老头倒背双手在屋里转着圈儿。在做成一笔大买卖之前，他总要绞尽脑汁盘算。刚才算卦先生的吉言，给他增添了不少信心，他觉得这笔非洲钻石买卖可以做成，而且可以赚大钱！

2天过去了，X探长和大头参谋长如期来到黑谷131号。大头参谋长手里提着一个大号密码箱，不用问，那是满满一箱子美元。

老头微笑着冲X探长点了点头，说：“上次给我那张10万美元的支票，我怎么取不出钱来？”

X探长一拍大腿说：“嘿！我忘记告诉你密码了，我现在告诉你。”

老头一摆手说：“不必啦，咱们还是一手交现金，一手交货吧！带现金了吗？”

X探长指了指密码箱，说：“我带的钱有富余，货呢？”

老头从桌子底下也拿出一个密码箱，把箱子往桌上一放：“6颗钻石都在里面。”

X探长一皱眉头问："这组非洲钻石只有火、风、土、水、宇宙，一共5颗呀！怎么变成6颗了？"

老头"哈哈"大笑："看你对钻石是个行家，我把一颗名叫'皇后'的稀世珍宝也一同卖给你，6颗钻石120万美元，便宜你啦！"

X探长点燃他那大烟斗，吸了一口烟，吐出一串烟圈儿："只要货好，有多少我都要。"

"痛快！"老头把密码箱往X探长面前推了推。

X探长一伸手，问："密码？"

老头递给他一张卡片，卡片上写着：

> 一串数按下面规律排列：
>
> 1，2，3，2，3，4，3，4，5，4，5，6……
>
> 从左边第一个数数起，数100个数，这100个数之和就是开箱密码。

大头参谋长伸长了脖子认真看这张密码卡片，他自言自语地说："要数100个数，这第100个数是几呀？"

X探长认真观察卡片上这串数，突然他拿出钢笔在这些数中画了许多括号：

(1，2，3)，(2，3，4)，(3，4，5)，(4，5，6)……

大头参谋长一拍大腿说："这括号加得真妙！3个数一组，每组第一个数依次是1，2，3，4……想求第100个数只要做个除法就有了：$100 \div 3 = 33 \cdots\cdots 1$。说明从第一个数到第99个数，正好是33个括号，最后一个括号的3个数必然是(33，34，35)，而第100个数是第34个括号里的第一个数，必然是34。"

X探长满意地点了点头。老头干笑了两声说："这位保镖，不仅武艺高强，数学也不错呀！"

大头参谋长皱着眉头问："可是这个和怎么算呢？"

X 探长提示说："每一个括号里的数都是相邻的自然数，这 3 个数的和是很容易求的。"

"对。"大头参谋长开了窍，他说，"每一组 3 个数之和等于中间一个数的 3 倍。这样，前 100 个数的和，等于：

$$
\begin{aligned}
&2\times3+3\times3+4\times3+\cdots+34\times3+34\\
=&(2+3+4+\cdots+34)\times3+34\\
=&\frac{2+34}{2}\times33\times3+34\\
=&1816。
\end{aligned}
$$

老板，密码是 1816。"

大头参谋长拿过密码箱，刚要按动密码开箱，老头一举手说："慢！你们要看我的钻石，我也要验你们的美元，请把你们的密码箱和开箱密码给我。"

大头参谋长把自己带的密码箱递了过去，而 X 探长扔过去一张密码卡片。老头接过密码卡片一看，不禁倒吸了一口凉气。他咬着牙根说："你是想把我转糊涂，没门儿。"

卡片上是这样写的：

下图是一条转圈儿折线，图上的标号表示折线的段数，每段长可以从小方格中读出。密码是第 1995 段线段的长度。

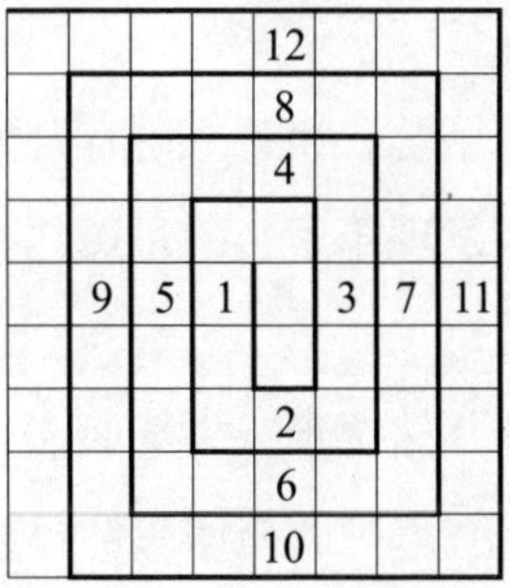

12
8
4
9 5 1 3 7 11
2
6
10

老头两只眼珠乱转，他在琢磨着解法。突然，他一拍大腿说：“有啦！可以把这些段数分为两类：单数段和双数段。先看双数段 2、4、6、8 段，它们的长度分别是 1、2、3、4，也就是说它们的长度是段数的一半。”

“高，实在是高！”几名黑帮打手一齐竖起大拇指夸奖老头。

老头十分得意，他继续解算密码：“而第 1 段比第 2 段长 1，第 3 段比第 4 段长 1，总之，每个奇数段都比它大 1 号的偶数段长出 1 来。1995 段是奇数段，它的长度是 $1996\div2+1=998+1=999$。哈，密码是 999！”

老头迫不及待地按动密码，“吧嗒”一声，箱子开了一条缝儿，“呼”地从箱子里冒出一股白烟。“啊！”匪徒们大叫了一声。

弹子游戏

老头刚刚打开密码箱，突然从箱中冒出一股白烟，老头和他的几名打手闻到这股白烟纷纷倒地，不省人事。

“哈哈，他们都倒了！”大头参谋长向门外一招手，进来几名士兵给老头和几名打手戴上手铐。

“我来看看这 6 颗钻石。”说着大头参谋长就要按动密码。

“慢！”X 探长赶忙拦住了他。X 探长说，“我怀疑这密码箱里装的根本不是钻石，而是炸弹！”

大头参谋长“嘿嘿”一笑，说：“他也跟咱们学？”他打电话请来了爆破专家。经专家拆卸，发现箱里装的是爆炸力极强的定向炸弹。

钻石藏在什么地方呢？

X 探长和大头参谋长开始搜查。大头参谋长在一幅画的后面发现一个红色电钮。翻过画来，看见画的后面有两行算式：

$$a☆b=a\times b-(a+b)$$

$$(3☆4)☆5=$$

大头参谋长指着这两行算式问 X 探长：“这是什么怪算式，怎么里面还有五角星？”

X 探长仔细看了看，说：“这恐怕是找到非洲钻石的关键！这个五角星表示钻石的光彩，而第一行算式定义了关于五角星的一种运算。”

“关于五角星的一种运算？”大头参谋长摸着自己的大脑袋，已经不知道哪边是北了。

X 探长解释道：“$a☆b$ 定义了这样一种新运算：a 和 b 先做乘法，减去 a 与 b 的和。按照这种新运算可以计算出 (3☆4)☆5 的值来。”

“噢，我明白了。”大头参谋长可是个明白人，他懂得了其中的道理，便很快得出了答案：

$$3☆4=3\times4-(3+4)=12-7=5,$$

$$(3☆4)☆5=5☆5=5\times5-(5+5)=25-10=15。$$

大头参谋长问：“这 15 是不是表示按 15 下红色电钮？”

“你试试看。”X 探长点了点头。

当大头参谋长按到第 15 下时，一块地砖忽然升了起来，在地砖下面有一个铁盒，打开铁盒发现 5 颗非洲钻石都在里面。

X 探长微笑着说：“我来黑谷要破的第一个案子告一段落了。”

大头参谋长忙问：“那第二个案子又是什么？”

“第二个案子嘛——黑谷里藏着一个暗杀集团，只要你肯出高价，你让他杀谁都成。”X 探长说，“他们已经暗杀了好几名军政要人，听说下一个目标是暗杀一位司令官！”

“这个司令官会不会是我啊？”小胡子将军拿着算卦的布幌子走了进来。

大头参谋长“哈哈”大笑说：“天下那么多司令官，怎么会是你哪！”

X 探长却严肃地说："你有什么理由说他们想暗杀的不是小胡子将军呢？"

"这……"大头参谋长被问住了。

"报告！"从外面走进一名司令部的卫兵，他对小胡子将军说，"友谊城驻军司令来电话，请您今天晚上去友谊城赴宴。"

小胡子将军笑呵呵地说："老朋友又想我了，晚上我一定去！"

"慢着！"大头参谋长瞪大了眼睛说，"去友谊城必然要经过黑谷，暗杀集团正要杀一名司令官，这多危险哪！"

小胡子将军也倒吸了一口凉气，他皱起眉头说："也不能怕被别人暗杀，就不去会见老朋友啊！这要让人家知道，还不叫人耻笑？"

X 探长建议："宴会还要准时去，咱们先去黑谷侦察一下，看有什么异常没有！"

X 探长和大头参谋长在黑谷中闲逛。突然发现有一群人围着一台机器在看，一个中年人在机器前忙碌着接什么东西。

大头参谋长跑过去挤进人群一看，是在玩弹子游戏。一台机器中间有一个小孔，从小孔可以弹出红色、黄色、绿色、黑色、白色共 5 种颜色的弹子，孔上有一个计数器，表明弹出的弹子数目。当你玩游戏时，中年人问你弹出的第几个弹子是什么颜色，如果你答对了会赢得一笔钱；如果说错了，你要给他钱。不少人在玩，总是赢钱的少，输钱的多。

大头参谋长也来了兴趣，他大声说："我要玩就玩个大的，我押上 1000 元！"

中年人满脸堆笑地说："欢迎、欢迎，我问你弹出的第 199 个弹子是什么颜色？"

大头参谋长问："你弹出的弹子有什么规律吗？"

中年人竖起大拇指称赞说："是内行！我的机器弹出的弹子是有规律的，先出 5 个红色的，再出 4 个黄色的，接下去是 3 个绿色的，2 个黑色的，1 个白色的，接着又是 5 个红色的……这样循环着出。”

“这就好！”大头参谋长说，“$5+4+3+2+1=15$，说明 15 个弹子是一个周期。你让我猜第 199 个弹子是什么颜色，只需要做个除法

$$199\div15=13\cdots\cdots4。$$

说明从第一个红色弹子开始，循环了 13 次之后又弹出了 4 个弹子，而前 5 个弹子都是红色的，因此这第 199 个弹子一定是红色的。”

中年人说：“咱们还是做一次试试，看看你说的对不对。”说完他就按动电钮，机器的小孔飞快地向外弹出各种颜色的弹子。

正在这个时候，小胡子将军的汽车恰好从这儿过，中年人飞快地按了一下电钮，X 探长大喊一声：“不好！”拿着烟斗飞奔过去。说时迟，那时快，只听“砰”的一响，一颗子弹从小孔中飞出，朝着小胡子将军的汽车飞去。

特殊审讯

小胡子将军乘车去友谊城赴宴，路经黑谷时一颗子弹从弹子机中飞出，直奔汽车射去。X 探长飞奔过去，伸手用烟斗挡，只听“当”的一响，烟斗把子弹接住了。

这边大头参谋长一个“扫堂腿”，把那个中年人摔了个嘴啃泥，再把他的双手扭到后面戴上手铐。大头参谋长抬腿踢了中年人一脚，说：“抓住一个暗杀集团的成员！”他扭头找 X 探长，发现 X 探长正在专心地看他的大烟斗。

大头参谋长知道这个大烟斗是 X 探长的心爱之物，忙问：“怎么样？烟斗打坏了吗？”

X 探长摇摇头说：“没事儿！”说着往烟斗里填了一把烟丝，用打火机点上火，猛地吸了一口。

大头参谋长十分奇怪，他拿过烟斗左看看，右瞧瞧："子弹怎么没把你的烟斗打穿呢?"

X 探长神秘地一笑，说："我在烟斗里装了一层特殊的衬，子弹是打不穿的。好了，咱们赶快审讯吧！"

审讯开始，这个暗杀集团的成员十分顽固，从一开始就一言不发。不管你问什么，他都只往纸上写。

X 探长问："你们暗杀集团的总部设在哪里?"

他写道："在黑谷。门牌号码等于下面 6 个方框中数字的总和。"

$$
\begin{array}{r}
\square\square\square \\
+\ \square\square\square \\
\hline
1\ 9\ 9\ 6
\end{array}
$$

大头参谋长来火了，他指着中年人的鼻子叫道："你是罪犯！你不是数学教师！你怎么敢出题考我们?"

中年人轻蔑地一笑，在纸上写道："我怕你们是弱智！"

大头参谋长动怒了，他跑过去就要动武，X 探长赶忙拦住了他。X 探长微笑着说："这种特殊的审讯多么有趣！他想考考咱们是否弱智，就让他考嘛！你要谁回答这个问题?"

中年人指指大头参谋长。大头参谋长"啪"地一拍桌子，叫道："你这是报复！你想用这个问题难住我？没门儿！"

大头参谋长开始解答："$1996\div2=998$，说明被加数和加数的平均数为 998，由于加数和被加数都是三位数，因此它们最大的数不能超过 999，而 $1996-999=997$，所以最小的数又不能小于 997。"

大头参谋长见 X 探长微笑着点了点头，信心十足地说："我算出来了！加数和被加数的百位上数字和十位上数字都必须是 9，而个位数字之和是 16。这样一来，数字之和是 $9\times4+16=52$，对！在黑谷 52 号！"

"好！"X 探长叫了一声好，接着又问，"你们暗杀集团的头儿是谁?"

中年人先画了一个人头，在人头旁边写了一个大大的 x，接着写道：

“将1、2、3、4、5、6、7、8这8个数分成3组，这3组数的和互不相等，而且最大的和是最小的和的2倍。最小的和是x，x是个自然数。”他写完朝炮兵团长一指，意思是让炮兵团长来解。

炮兵团长看着他画的人头直发愣。炮兵团长小声嘀咕说：“画个秃头是什么意思？先不管这个秃子，把x算出来再说。从1加到8，其和是36，把最小的和看作是1份，最大的和就是2份，而中间的一组的和比1份多，比2份少，3组加起来是4份多。”做到这里他做不下去了。炮兵团长倒背着双手在屋里来回走了两趟。

突然，炮兵团长双手一拍说：“有啦！既然x是最小的和，它一定比36的$\frac{1}{4}$小，比36的$\frac{1}{5}$大！”大头参谋长问：“x比36的$\frac{1}{4}$小我明白，可是为什么要比36的$\frac{1}{5}$大呢？”

炮兵团长解释说：“如果最小的和比36的$\frac{1}{5}$小，那么最大的和要比$\frac{2}{5}$小，由于3组的和要等于1，这样中间一组的和就要大于$\frac{2}{5}$，比最大的和还要大！这哪儿成？”

大头参谋长点点头说：“说得有理！”

炮兵团长接着分析：“36的$\frac{1}{4}$是9，36的$\frac{1}{5}$是7.2，因此x只能取8，在秃头旁边写一个8又是什么意思呢？”审讯室内一片沉寂。

“秃头八爷！”炮兵团长兴奋地说，“一定是前几年在这一带活动猖狂的土匪头子——秃头八爷。”

小胡子将军推门走了进来，他说：“秃头八爷？他可好几年没露面了。怎么，他现在专门搞暗杀啦！”

大头参谋长问：“司令，你不是去友谊城赴宴了吗？怎么这样快就回来了？”

“赴宴？人家根本就没有请我！”小胡子将军一屁股坐在沙发上，生气地说，“我看是暗杀集团搞的鬼！”

X探长问那个中年人："你们要暗杀的司令官是不是小胡子将军?"中年人点了点头。

X探长又问："你们为什么要暗杀小胡子将军?"

中年人在纸上写道："因为他想和你一起捣毁黑谷，黑谷的人花大价钱请我们除掉小胡子将军!"

X探长笑了笑，问："你们暗杀的下一个目标是不是该我了?"

中年人写道："你有先见之明。"

小胡子将军站起来说："我早知道黑谷这群坏蛋不会束手待擒的。走，咱们去会会这位秃头八爷!"

X探长阻拦说："慢！这位秃头八爷早有准备，怕不好见到，咱们必须这样……"

秃头八爷

秃头八爷是暗杀集团的头头，此人心狠手毒，枪法极好，黑道上的人都怕他三分。秃头八爷行动十分诡秘，一天换三个地方，很难找到他。

一天，黑谷的街心广场贴着一张大告示，上写：

> 今抓到暗杀集团的一名骨干成员，定于明天中午12点在街心广场就地正法。
>
> 和平城驻军司令 小胡子将军

告示一贴，引来许多围观的人。人群中一个又瘦又小的人，看完告示，倒吸一口凉气，掉头挤出人群，一溜烟似的跑了。

这个人外号叫"长尾瘦猴"，是秃头八爷手下的得力干将。"长尾"是形容他触角伸得特别长，他四处乱窜，收集情报；"瘦猴"是指他的长相。长尾瘦猴走进一家电脑商店，打开一台电脑，按了几下键，里面的售货员冲他点了点头，他就进入了一间密室。

秃头八爷正和他的军师——“赛诸葛”在商量着什么。长尾瘦猴把告示的内容说了一遍。秃头八爷站起来“啪”地拍了一下桌子，恶狠狠地说：“想在众目睽睽之下枪毙我的人，这不是成心羞辱我吗！不成，明天咱们去劫刑场！”

赛诸葛在一旁插话，说：“古人云‘小不忍则乱大谋’。我劝八爷忍一忍，要留神上当！”

“公开枪毙我的手下，而且是在黑谷的中心广场，当着黑谷那么多朋友，这口气你叫我怎么咽?”秃头八爷越说越激动，锃亮的光头上已经渗出了汗珠。

赛诸葛知道秃头八爷正在火头上，谁来劝说也没用，他就和秃头八爷策划了一个劫刑场的方案。赛诸葛强调一定要找一条防备最弱的道路冲进去。为了找到这条道路，秃头八爷特派长尾瘦猴去街心广场做先期侦察。

不一会儿，长尾瘦猴慌慌张张地跑了回来。他报告说：“八爷，不好啦！法场上有上尉、中尉、少尉；有拿机枪的，有拿轻型火箭炮的，有骑摩托车的。”

“什么乱七八糟的，你都把我说糊涂了。”秃头八爷把桌子上的一杯水向长尾瘦猴面前一推说，“喝口水慢慢说。”

长尾瘦猴一仰脖“咕咚、咕咚”把一大杯水灌进了肚，又抹了一把头上的汗，说：“是这么回事，守卫刑场的有三种不同的部队——机枪连、火炮连和摩托车连。”

秃头八爷点点头说：“嗯，小胡子将军不愧是打仗的出身。机枪连专门用来对付近处的敌人，火炮连对付远处的敌人最有效，等敌人撤退下去，他的摩托车连就能火速追上去。一共有多少人?”

“有 9 名军官守卫。3 个连各派了 1 名上尉、1 名中尉、1 名少尉。”

“什么意思?”秃头八爷有点纳闷儿。

赛诸葛解释说:“我听说这些军官都是技术高手，1个顶10个。为了便于指挥，派了级别不同的军官。不过……智者千虑，必有一失呀!”

秃头八爷忙问:“他们失在何处?”

赛诸葛没有回答秃头八爷的问题，转身对长尾瘦猴说:“你去找一条道，在这条道上或者有两名拿同样武器的军官，或者有两名级别相同的军官。这条道就是我们要找的道。”

秃头八爷摇晃着大脑袋问:“什么道理?”

赛诸葛不慌不忙地解释说:“你想啊! 如果在一条道上有两个用火箭炮的，这条道打远处有优势，而打近处就不成了。如果我们迂回前进，尽量靠近他们，在近处来个突然袭击，两个拿火箭炮的军官就无能为力了!”

秃头八爷点了点头。他又问:“有两名级别相同的军官又有什么关系呢?”

赛诸葛“嘿嘿”一笑，说:“您再想啊! 每个连只派了3名不同级别的军官，一条道上如果有两名军官，他俩必然不属于同个连，打起仗来谁领导谁呀? 非乱了套不成!”

长尾瘦猴一挑大拇指说:“军师实在是高! 分析得入情入理，我去找出这条道路。”说完“噌”的一声蹿了出去。

这次等了足有一个小时也不见长尾瘦猴回来，急得秃头八爷在屋里来回转圈子。

“没有这么一条道!”声到人到，长尾瘦猴又蹿了回来。

“怎么可能没有?”赛诸葛不信。

“不信? 不信我把守卫图画给你看。”长尾瘦猴画了一张图递给了赛诸葛。

机枪 上尉	火箭炮 少尉	摩托车 中尉
火箭炮 中尉	摩托车 上尉	机枪 少尉
摩托车 少尉	机枪 中尉	火箭炮 上尉

八爷问:“横着的3行有没有符合要求的?”

军师摇了摇头说:“没有。每一行都是来自不同连的3名有不同级别的军官。”

八爷又问:“竖着的3列哪?”

军师说:“也没有。这种奇特的阵势,我看小胡子将军是摆不出来的!”

秃头八爷皱着眉头问:“这么说是X探长帮他们布的阵?”

赛诸葛点点头,说:“很有可能!”

秃头八爷拍了拍腰上挎着的两支大号手枪,高声叫道:“他就是布了刀山火海,八爷我也要闯它一闯!走!”说完他扭身就往外走。

“且慢!”赛诸葛叫住了秃头八爷。他高兴地说,“有门儿!八爷你看,这斜着的两行对角线有问题。一条对角线上全都由上尉守卫,另一条对角线上全是骑摩托车的。”

“好!咱们就去冲击他们的两条对角线!”说完秃头八爷带领暗杀集团的一帮匪徒直奔黑谷的街心广场,准备劫法场。

刑场大战

秃头八爷带领暗杀集团的一帮匪徒直奔黑谷的街心广场,见到刑场上9名尉官排成3×3的方阵,有的拿着机枪,有的扛着火箭炮,有的骑着摩托车，正严阵以待，气氛十分紧张。

突然，人群发生骚乱，3 辆大卡车驶进了刑场。前、后两辆卡车上跳下几十名士兵，他们把刑场围了起来，中间一辆卡车里押着那个玩弹子的中年人。秃头八爷、赛诸葛、长尾瘦猴，混在人群中等待时机。

3 声炮响，士兵把犯人押上行刑台。秃头八爷一看时机已到，亮出手枪大喊一声："冲啊！"匪徒们纷纷掏出武器，向刑场内冲。3 名端机枪的尉官向匪徒猛烈扫射，几名匪徒中弹倒地。

赛诸葛忙对秃头八爷说："不能硬冲，要冲击他的对角防线！"

秃头八爷也明白过来了，他大喊："弟兄们，朝有 3 辆摩托车的方向冲！"这一招儿果然见效，有一挺机枪扫不着他们了。眼看匪徒就要冲进刑场，小胡子将军有点坐不住了。他问："探长先生，怎么办？"X 探长微微一笑，回头对大头参谋长点点头。大头参谋长把手中的红旗一摆，只见围着刑场的士兵迅速跑进方阵中。秃头八爷再定睛一看，方阵变成另外一种模样。虽说还是 3×3 的方阵，但是每个方格里面的人数却不同，而且人数是由 1~17 里的所有奇数组成。

11	1	15
13	9	5
3	17	7

匪徒们再沿着对角线往里冲就不成了，火力加大了许多，打得匪徒抬不起头来。赛诸葛忙对秃头八爷说："慢着！现在冲击对角线已经没用了。"

秃头八爷瞪着一双充满血丝的眼睛，问："为什么？"

赛诸葛回答："这个方阵非常特殊，不管你横着加，还是竖着加，还是斜着按对角线相加，其和都相等。"

秃头八爷一算，果然都等于 27。他嚷嚷道："他们人数增多，武器配备又做了调整，各方向的人数都一样，这怎么往里冲啊?”

赛诸葛眼珠一转，小声对秃头八爷说：“识时务者为俊杰，现在硬拼是不成的。”

秃头八爷问：“你的意思是……”

“三十六计走为上!”赛诸葛说完掉头就要跑。

“站住!”秃头八爷一把揪住赛诸葛的衣领，咬牙切齿地说，“我秃头八爷不是孬种！你敢临阵脱逃，我就枪毙了你!”

赛诸葛知道秃头八爷杀红了眼，谁的话他也听不进去。他也只好跟着匪徒们往里冲，冲到一半，他趁人不注意转头就溜了。

秃头八爷带着匪徒继续往里冲，不管他往哪里冲，受到的火力攻击都是同样的猛烈，死伤十分惨重。匪徒们也不再听从秃头八爷的指挥而四散逃窜。此时，大头参谋长把手中的红旗一摆，方阵里的士兵一齐冲了出来，把秃头八爷和残余匪徒全部抓获。清点战俘时发现少了赛诸葛，X 探长紧皱双眉，口中喃喃地说：“让赛诸葛跑了必然留下后患，此人诡计多端，阴险毒辣。咱们要立即提审秃头八爷，找到他的下落!”

小胡子将军摇摇头：“秃头八爷很讲江湖义气，他不会轻易告诉你赛诸葛的下落。”

X 探长笑了笑说：“秃头八爷毕竟是一介勇夫，一名杀手，没有什么谋略，看我来对付他。”

士兵把秃头八爷押了上来，他虽然戴着手铐、脚镣，心里可是一百八十个不服，他又喊又叫，十分猖狂。他叫喊说：“X 探长，你弄了个什么破阵，让我上了你的大当！这不算能耐，你有本事来个枪对枪、炮对炮，来点真格的，凭我八爷的枪法，一枪就送你上西天去！你信不信?”

“信也好，不信也好。”X 探长用手指指着秃头八爷的鼻子说，“真正让你上当的不是我。”

秃头八爷两眼一瞪，问：“不是你又是谁?”

X探长招招手说：“我带你清点一下你的部下，看看少了什么人?”

秃头八爷认真地查看了被俘的和被打死的匪徒，他突然叫道：“怎么不见赛诸葛了？往里冲时我还看见他在我的后面哪!”

“问题就出在这儿!”X探长严肃地问，“整个劫刑场的计划是不是赛诸葛制订的?”

秃头八爷点点头说：“是。”

X探长又问：“如何攻击方阵的主意是不是他出的?”

秃头八爷又点了点头。

X探长厉声问道：“为什么你和其他人有的被杀，有的被俘，而偏偏他却逃跑了?”说完从怀中取出一封信，递给了秃头八爷。

秃头八爷看完信，大叫一声，平地蹿起三尺高。

以毒攻毒

秃头八爷接过X探长手中的信，发现这是赛诸葛写给X探长的一封密信。信中写道：

伟大的、我最崇拜的探长先生：

明天我会安排秃头老贼去劫刑场，我让他冲击军官方阵的对角线。请您变换方阵、增加方阵人数，先消灭秃头老贼的实力，然后再围剿他的残余，活捉老贼!

如能按我的计划来办，定能成功!

赛诸葛拜

“呜哇……”秃头八爷大叫一声，把信“嚓嚓”撕成碎片，用力摔到地上。他愤怒极了，“好个赛诸葛，你敢称老子为秃头老贼！还把我给卖了！我要抓住你，非把你千刀万剐不可！走，跟我去抓这小子!”

大头参谋长、炮兵团长和秃头八爷同乘一辆吉普车在前面开路，X探长和小胡子将军带着两名士兵乘另一辆吉普车跟在后面，车子向北边的大山飞速开去。车子沿着盘山公路往上开，在一个小山洞前停了下来。秃头八爷说要进洞取点东西，大头参谋长和炮兵团长押着他走进了山洞。没过多会儿，他们走出洞来，炮兵团长手里还拿着一块竹片。

小胡子将军接过竹片一看，只见上面写着：

我在黑谷△△△号，10＝△＋△＋△。

“什么意思?”小胡子将军摇了摇头，把竹片递给了X探长。炮兵团长说：“我认为赛诸葛藏在黑谷333号。”

大头参谋长问：“根据什么?”

“这不是明摆着!”炮兵团长说，“三角形的第一个字是3，而3个三角形连在一起，不就是333吗?”

大头参谋长忍不住“扑哧”一笑，说：“真有你的！你只顾三角形蕴含有3，可是你忘了这3个三角形相加还要等于10哪！3+3+3=9，不等于10！”

“这就怪了。”显然炮兵团长想得不对。他喃喃自语，“三角形不和3发生关系，又可能和谁有关系呢?”

“它可以和别的数有联系。”X探长吸了一口烟斗说，“古希腊有个毕达哥拉斯，他发明了三角形数，他是用小石子来摆三角形数的。”说着X探长拣了几个小石子，在地上摆了起来。

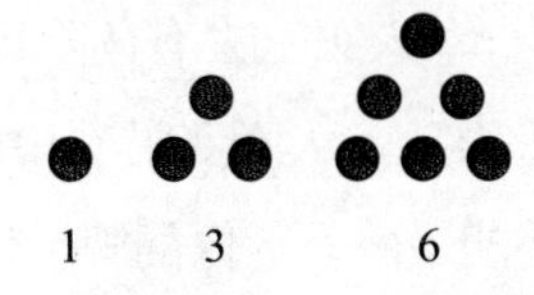

X探长指着摆好的3个三角形数，说：“你们看前3个三角形数的

和是多少？”

炮兵团长抢先说：“嘿，恰好等于10，看来竹片上画的3个三角形就是3个三角形数，赛诸葛就藏在黑谷136号！走，快去抓！”

“慢。”X探长拦住了炮兵团长，说，“这3个三角形数你知道哪个在前，哪个在后？你怎么肯定小数在前，大数在后？1、3、6三个数的排列可不止136这一种。”

“136、316、613，还有吗？”炮兵团长掰着指头一个一个地数。

大头参谋长把嘴一撇，说：“像你这样数，能数全吗？排数字要讲究规律，先让数1排在最前面不动，3和6交换位置，得136，163；再让3在前面，得316，361；最后再让6在前面，又得到613，631，合在一起共有6种不同的排法。”

X探长猛然吸了一口烟，用手指点着秃头八爷的鼻子问：“你真的相信赛诸葛藏在黑谷？”

秃头八爷摇摇脑袋说：“不会！如果他真的藏在黑谷，我带你们来北山干什么？赛诸葛十分狡猾，他说东做西，指南打北。他一定躲在山上的某个洞穴里，走，我带你们去搜！”

秃头八爷沿着盘山路快步往上走，X探长等一行人紧跟在后面。走着走着秃头八爷突然停了下来，他指着半山腰一个缸口大小的洞口，说：“进这里看看！”说完他像壁虎一样，徒手“噌噌”沿着陡峭的山壁往上爬。

小胡子将军倒吸一口凉气：“好功夫！这是难得一见的壁虎功。我来跟上他！”说完小胡子将军也施展出壁虎功跟在后面往上爬。

“不好！小胡子将军一个人跟上去有危险！”X探长话声未落，只见秃头八爷用力蹬掉一块大石头，大石头沿着山坡“咕噜噜”直朝小胡子将军的脑袋砸来。好个小胡子将军，像翻牌一样，身体紧贴着山壁“啪、啪、啪”连翻了三次，大石头擦着身边滚了下去。

众人抬头再看秃头八爷，他已经爬到了洞口。他回头冲大家一笑说：“一群笨蛋，我自己找赛诸葛算账去喽！”说完“哧溜”一声就钻进了山洞。

炮兵团长在下面急得又蹦又跳：“糟啦！秃头八爷跑了！”

大头参谋长问X探长：“怎么办?”

X探长吸了一口烟，笑了笑说：“秃头八爷跑了更好，秃头八爷和赛诸葛会互相残杀，这叫作‘以毒攻毒’!”

马跳“日”字

秃头八爷钻山洞跑了。X探长并不着急，他笑笑：“走，咱们上去看看热闹!”汽车沿着山路往上开。

突然，大头参谋长指着山间一块平台小声说：“快看!”大家顺着大头参谋长所指的方向一看，都吓了一跳。只见秃头八爷和赛诸葛面对面地坐在一起，正在下象棋。

“奇怪啦！大兵压境，他俩在这儿下上象棋了。”大头参谋长有点纳闷儿。他实在憋不住，偷偷地溜了过去，躲在一棵大树的后面，看他俩下棋。他们俩下的象棋可真怪，在象棋盘的一角写着一个“活”字，只有一个棋子“马”。他俩的右手旁边各放着一支手枪，不用问他俩是在玩命哪!

秃头八爷拿起“马”问：“走几步?”

赛诸葛一伸左手：“5步!”

“一、二、三、四、五。”秃头八爷从“活”字出发连跳5步却没有跳回到“活”字。“一、二、三、四、五。”秃头八爷又跳了一遍，还是没有跳回到“活”字。

赛诸葛拿起手枪问道：“你认输了吧?”

“不，不。”秃头八爷摇摇脑袋说，“你让我走的步数太少，多几步我就可以走回到‘活’字。”

“嘿嘿”，赛诸葛一阵冷笑，“好吧，我让你走25步，怎么样？”

“25步足够了！”秃头八爷满怀信心地又在棋盘上跳起“马”来。跳了足有5分钟，还是没有跳回到“活”字。

赛诸葛用手枪顶住秃头八爷的脑袋，问：“现在你还有什么可说的？”

秃头八爷瞪着一双大眼睛，叫喊说：“你再让我多走几步，我就能跳回到‘活’字！”

“怕等不及了。”赛诸葛一指远处的X探长说，“即使我能等，人家可等不了！”秃头八爷把胸脯一拍，说：“八爷死倒是不怕！可是死要死个明白。你先告诉我，为什么我的‘马’总跳不回到‘活’字？”

赛诸葛指着藏在树后的大头参谋长，问：“大脑袋参谋长，你能说出其中的道理吗？”

大头参谋长也说不出其中的道理，他赶紧一猫腰快步回到X探长的身边，向X探长汇报了他俩下的怪棋。

X探长想了一下，说：“看来不把这个谜底揭穿，这场搏斗也不会结束。”他向前走了几步，大声说道：“喂，秃头八爷听着，‘马’从‘活’字起跳，只要跳奇数次，永远也别想再跳回到‘活’字！”

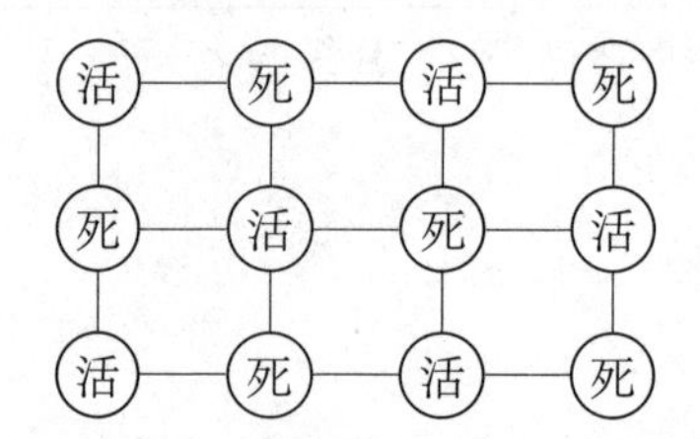

秃头八爷把脖子一歪，问：“为什么？”

“你想啊！”X探长解释说，“你可以在棋盘上间隔地写上‘活’和‘死’，‘马’跳‘日’字，你从‘活’字出发，下一步必然跳到‘死’字上；再从‘死’字起跳，下一步必然跳到‘活’字上。就这样‘活’—‘死’—

‘活’—‘死’，你跳奇数次必然跳到‘死’字上，不可能跳到任何一个‘活’字上，更别说再跳回到出发点的‘活’字上了！”

“啊！”秃头八爷大叫一声说，“好个赛诸葛，你是做好了死扣让我往里钻。你让我走奇数步，我不管走多少步也是必死无疑呀！”

赛诸葛冷笑了一声，说：“可惜你现在明白已经晚了。你乖乖地听我话，我把你交给 X 探长，他会把我放了，而把你毙了！”

秃头八爷大叫一声：“美死你了！”突然听到“砰”“砰”两声枪响，“咕咚”“咕咚”秃头八爷和赛诸葛双双倒在了地上。大头参谋长跑过去一摸：“都没气啦！”原来赛诸葛对着秃头八爷脑袋开枪的同时，秃头八爷对着赛诸葛的肚子也开了一枪，结果两人同时倒地。

小胡子将军点点头说：“好！以毒攻毒，一箭双雕。X 探长果然棋高一招，没费一枪一弹，就把两个坏蛋消灭了！”

X 探长却没显出高兴的样子，他低着头自言自语地说：“黑谷中败类还没有清除干净，战斗还没有结束！”

突然，一辆警车飞驰而至，一名警官跳下车来向小胡子将军行了一个军礼，报告说：“报告司令，城里银行被抢！”

“什么？银行被抢！匪徒抓住了吗？”小胡子将军焦急地询问。

警官回答道：“三名匪徒，击毙一名，活捉一名，逃跑一名。”

小胡子将军又问：“钱被抢走了吗？”

“逃走的匪徒拿走了 1000 多万元。”

“啊！抢走这么多钱！”小胡子将军拉着 X 探长说，“快回城，一定要把钱追回来！”

老K集团

小胡子将军一行人急速赶回城里，到达司令部连水也没喝一口，立即提审被抓的匪徒。这名匪徒长得又矮又瘦，面色很黄，一看就知道此人长期缺乏睡眠。

小胡子将军问："你为什么要抢银行？"匪徒回答："赌钱赌输啦！"

小胡子将军又问："你叫什么名字？"匪徒回答："黄皮张三。"

X探长站起来围着黄皮张三转了一圈儿，问："你们经常在什么地方赌博？一般有多少人？"

黄皮张三微微抬头看了一眼，小声回答说："回长官的话，我们总在黑谷街8号玩，一般嘛……有十几个人，嘿，都是些小打小闹。"

"什么？小打小闹！"炮兵团长瞪大眼睛叫道，"抢走了1000多万元，还是小打小闹，你们要是大打大闹，那要抢多少钱才够用？你们可真是无法无天哪！"

"唉！"黄皮张三叹了一口气说，"如果就是我们哥们儿几个玩，也用不了多少钱。最近黑谷来了一个'老K集团'，他们每次下的赌注极大，没玩两天就输给他们几百万元。我们还不起债，他们就用枪逼着我们去抢银行。我们几个人商量，抢银行会被你们打死；不抢银行会被老K集团打死，反正活不了。"说完黄皮张三"呜呜"地哭了起来。

X探长摇摇头说："不对呀！你们都是赌博老手，怎么会输给他们哪？"

"唉哟！你们可不知道。"黄皮张三说，"老K集团个个精于算计，我们数学不好，算不过他们，不信你们和他们过过手，肯定也要输！"

炮兵团长"啪"地一拍桌子，叫道："胡说！我们都是堂堂政府官员，怎么能去赌博？"

X探长在一旁说："为什么不去玩玩呢？你带我去黑谷街8号会会老K！"

X探长趴在小胡子将军耳朵旁，小声嘀咕了几句。小胡子将军点了点头，随后对黄皮张三说："你可要老实点！既然你是被老K集团逼迫而抢银行，你就要与我们合作，一同抓获这个犯罪集团，将功赎罪。”

黄皮张三点头哈腰地说：“请长官放心，我一定听话。”

小胡子将军指着X探长，对黄皮张三说：“他让你干什么，你就干什么，不许耍花招！”

“是、是，他让我往东我就往东，让我往西我就往西！”黄皮张三一副赖相。

黄皮张三带着X探长、化了装的大头参谋长和炮兵团长，一同走进了黑谷街8号。屋里摆着许多大桌子，很多人在那里赌博。有搓麻将的，有推牌九的，有掷骰子的，吆喝声此起彼伏，十分喧闹。

黄皮张三带着X探长来到一张桌子前，几个人正在掷骰子。一个长得很文静的年轻人一把揪住了黄皮张三，大叫道：“你小子跑哪儿去了？你想欠钱不还是不是？”

“不敢，不敢。”黄皮张三指着X探长说，“我给你带来一位大财主，你如果能赢了他，他会把我欠你的钱也一起还给你！”

“噢，”年轻人放开黄皮张三，两眼从上到下把X探长看了个仔细，笑笑说，“好，好，今天我撞到财神啦！”

年轻人一指桌子上的骰子，说：“咱们玩掷骰子，这个赢钱快！”

X探长问：“先生怎么称呼？”

周围的人“哈哈”一阵哄笑，“这个人连大名鼎鼎的老K都不认识，肯定是个‘棒槌’！今天他输定啦！”

老K问：“押几个点？掷几次？”

X探长小声问黄皮张三：“什么意思？”

黄皮张三解释说：“两个骰子点数之和，最小是2，最大是12。从2到12这十一个数中，你可以选出现机会最多的数。投掷的次数也由你来定。”

X探长略微想了一下，说：“我押7，掷十一次。”

老K面露喜色，他飞快地说出：“我押6，同意掷十次。押多少钱？”

X探长伸出右手的食指，说：“1000万！”

“好！老K赢定喽！”“老K要的是6，六六顺哪！”“老K赢1000万，发大财啦！”周围的赌徒一个劲儿地起哄。

在众目睽睽之下，X探长拿起两个骰子放进自己的大烟袋锅里，把烟嘴衔进口中用力一吹，只见两个骰子在烟袋锅里上下翻腾，煞是好看。突然，X探长把烟斗一撤，两个骰子先是在桌子上“滴溜溜”乱转，然后停在桌面上。

众赌徒“刷”的一声，把头都伸了过去。

一掷千金

X探长来了个绝活，他把骰子放进烟斗里用嘴吹，只见骰子落到桌面上，朝上面的一个点数是4，另一个点数是2。

“好啊！合起来是6。”老K高兴地将右拳在空中用力地挥了三下。

X探长第二次掷，点数之和为7，老K收敛了笑容；第三次掷，点数之和为7，老K有点木然；第四次掷，点数之和还是7，老K把右手伸进了怀里，不用问，这是在掏枪。接下去点数之和又开始出现6，老K脸色多云转晴，手也从怀里拿了出来。再往后掷，点数之和是8、10、8、5、6。

掷完十次，6点和7点各出现三次，这最后一次成了决定死活的一掷！此时，屋里静极了。老K集团的成员剑拔弩张，一触即发。大头参谋长和炮兵团长也都准备好，随时准备掏出武器和老K集团大战一场。

X探长突然“哈哈”大笑了一声，把在场的人都吓了一跳。

老K厉声问道：“你笑什么？”

“我笑你们，一场早有定论的赌博把你们吓成什么样子！”X探长手里拿着两个骰子不断地晃悠，随时都可能扔到桌面上去。

老K有点糊涂，他问：“为什么早有定论？”

“首先从数学上讲，掷两个骰子出现的点数是有规律的。”说着X探长画了一张表：

点数和	2	3		4			5				6					7						8					9				10			11		12
骰子甲	1	1	2	1	2	3	1	2	3	4	1	2	3	4	5	1	2	3	4	5	6	2	3	4	5	6	3	4	5	6	4	5	6	5	6	6
骰子乙	1	2	1	3	2	1	4	3	2	1	5	4	3	2	1	6	5	4	3	2	1	6	5	4	3	2	6	5	4	3	6	5	4	6	5	6
种类	1	2		3			4				5					6						5					4				3			2		1

X探长指着表说：“我把掷两个骰子可能出现的点数都列了出来，从表里不难看出，从2到12这十一个不同的点数中，出现次数最多的是点数7，它出现了6次。点数6，迷信的人把它看作吉祥数，说什么六六顺，可是从表中看它只出现了5次，其他的点数出现的次数就更少了。我选的就是7，是出现次数最多的点数，因此，这最后一掷，出现7点的可能性最大，我赢的可能也较大，你们同意不同意？”

老K把脖子一歪，说：“出现7点的可能性最大，并不等于一定出现7点啊！数学我懂，你别拿数学来唬我。你说说，你出现7点的可能性比我大多少？”

“其实你并不真懂。”X探长笑了笑说，“我可以告诉你大多少。掷两个骰子从表上看骰子甲是1，骰子乙是1，这是第一种可能；骰子甲是1，骰子乙是2，这是第二种可能；骰子甲是2，骰子乙是1，这是第三种可能，照这样排下去一共有36种可能。7点占$\frac{6}{36}$，6点占$\frac{5}{36}$，7

点比 6 点多 $\frac{1}{36}$。”

“多 $\frac{1}{36}$ 又算得了什么！你掷这最后一次，如果你真的掷出 7 点我给你 1000 万，怎么样？”老 K 的赌徒面目暴露无遗。

X 探长又把拿骰子的手举了起来，他这一举，屋里立刻鸦雀无声，几十双眼睛同时盯着这只手。可以想象，X 探长一旦把骰子掷到桌面上，屋里立刻会成什么样子！一定是有的哭，有的笑，有的吵，有的闹，乱作一团。

正当大家把注意力全部集中在 X 探长的手上时，突然听到一声：“不许动！”只见大头参谋长和炮兵团长一左一右把老 K 夹在中间，一左一右两支手枪顶在老 K 的腰眼上。

老 K 故作镇静，他厉声问道：“你们是什么人？你们要抢赌场吗？”

“我们不是抢赌场，而是查抄赌场！”小胡子将军带着大批士兵冲进了赌场。小胡子将军命令士兵：“把他们都给我抓起来！”

X 探长回头问黄皮张三：“你的同伙呢？”

黄皮张三一指蹲在角落里的瘦高个，说：“他在那儿！”士兵跑过去把他揪了出来，在他身后有两个大皮箱，打开皮箱一看，里面正是丢失的 1000 万元。

忽然，从外面跑进一名士兵。他向 X 探长行了一个军礼，说：“探长先生，国际刑警组织有紧急任务，请您马上就去！”

X 探长微笑着向大家挥挥手，说：“再见啦各位！咱们后会有期！”说完把手中的骰子往桌面上一掷，两个骰子在桌面上“咕噜噜”转了几圈，它刚一停，大家不约而同地叫道：“啊，7 点！”

大家也纷纷举起了手，说：“再见啦！X 探长！”

5. 古堡里的战斗

武士把门

赵民是考古队队长的儿子，受家庭熏陶，从小就热衷于探险和考古。

暑假里，赵民听说父亲的考古队要去一座神秘的古堡考察，便缠着父亲带上他。父亲被他磨得实在没办法，答应赵民和他的好友王军随考古队去古堡考察。古堡位于大沙漠之中。赵民和王军合骑一匹骆驼，随着考古队向古堡进发。

快到古堡了，突然出现一个老头，他长得又高又瘦，头上缠着白布，留着山羊胡子，右手拄着一根拐棍。

老头对王军和赵民说："你们两个小孩也想去考察古堡？告诉你们，古堡里可危险了，各种机关、鬼怪，什么都有，进去的人没有一个能活着出来！"说完老头就一瘸一拐地走了。

王军说："古堡那么危险，咱俩回去吧！"

赵民笑着说：“那个老头是在吓唬咱俩，没什么可怕的，咱俩先去探探路。”赵民背上考古用的大口袋，拉着王军离开考古队向前走去。

突然前面有座山，山前站着一个铜铸的武士，它右手拿着一根铜矛，左手拿着一个大铜盾牌，腰间挂着一个箭壶，壶里装满了铜箭。

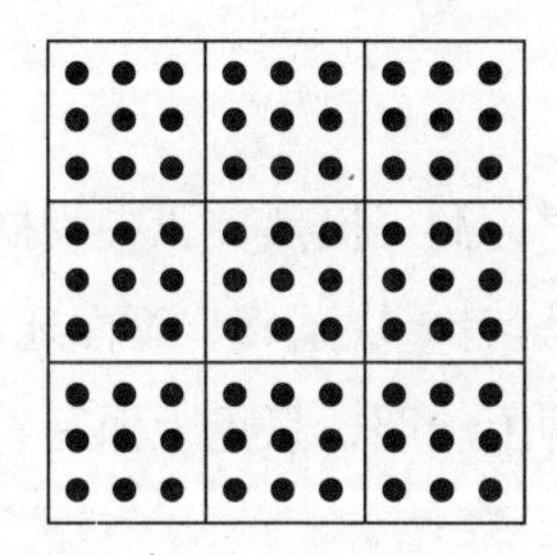

王军说：“这个盾牌上有 9 个小方格，每个小方格里有 9 个小洞，共 81 个小洞。”

赵民说：“箭壶里有 45 枝箭。”

王军拿一枝箭往小洞里一插，正好插进去。他说：“81 个小洞，只有 45 枝箭，这可怎么插法?”他转到盾牌后面，发现三条相交于一点的线，旁边还有符号。王军说：“你看，这是什么意思?”

赵民看了看说：“我在考古书上看到过，这是古埃及的象形文字，符号∩代表 10，$\overset{|||}{||}$表示 5，合在一起表示 15。”

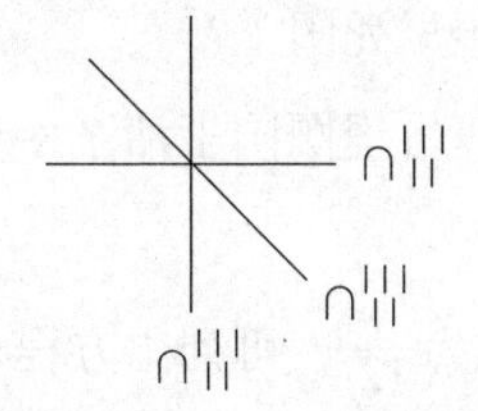

4	9	2
3	5	7
8	1	6

忽然王军眼睛一亮，说：“我明白了，它让咱们这样插：不管是横着数，竖着数，还是斜着数都是 15 枝箭。”

“这是 3 阶幻方呀！我会插。”赵民很快把 45 枝箭都插了上去。

刚刚插完，只听“吱溜”一声，铜铸武士转了90°，背后露出一个洞口。赵民拉着王军钻进洞里。他们不知道，在他们身后，一个老头指挥着一胖一瘦两个人也钻进了洞里。

古棺之迷

赵民和王军钻进洞里。洞里挺黑，正中间摆着一口大棺材。

王军说：“快看，这里有一块墓碑！下面还有十个转盘。”

赵民用手电筒往墓碑上一照，只见上面写着：

这里安息着国王古里图。他一生的$\frac{1}{6}$是幸福的童年，$\frac{1}{12}$是无忧无虑的少年，再过去生命的$\frac{1}{7}$，他戴上了国王皇冠。5年后新王子出生，后来王子染病，先他4年而终，王子只活到父亲的一半年龄。晚年丧子的国王真不幸，他在悲痛中度过了余生。

请你算一算，古里图国王活了多少岁？假如你想见到死去的古里图国王，转动转盘，使箭头指向他活到的岁数。

赵民迫不及待地说：“我想见见古里图国王。”

“你疯啦！”王军瞪大眼睛问：“你想见死国王？”

“要想考古，就别怕死人。我来算算古里图国王活了多少岁。”赵民认真地在小本子上算着：

设国王活了x岁，童年为$\frac{x}{6}$，少年为$\frac{x}{12}$，可列出方程：

$$\frac{x}{6}+\frac{x}{12}+\frac{x}{7}+5+\frac{x}{2}+4=x,$$

$$\frac{9}{84}x=9,$$

$$x=84。$$

“哈哈，我算出来啦！古里图国王活了84岁。我来转动转盘。”赵民把转盘上的指针对准“84”。

只听“嚓”的一声，棺材盖自动打开了。

“我的天哪！棺材打开啦，国王要出来了。”王军吓得掉头就跑。

“嘻嘻”，王军听到笑声回头一看，见赵民正站在棺材里，冲他笑呢。

王军着急地喊：“快出来，危险！”

赵民笑嘻嘻地说：“什么危险？里面是空的，只有张古里图国王的画像。你快进来吧！”

王军壮着胆子爬进了棺材。只听二人在棺材里面“嘻嘻哈哈”地又说又笑，过了一会儿，一点声音也没了。

这时，躲在暗处的老头、胖子、瘦子3个人觉得奇怪。老头踹瘦子一脚，恶狠狠地说：“过去看看，两个小孩在棺材里玩什么鬼把戏！”

“是！”瘦子掏出手枪，悄悄靠近棺材，探头往里一看，惊呼道：“啊，两个小孩不见啦！”

过铡刀关

老头和胖子听说两个小孩不见了，跑到棺材前往里一看，里面空无一人。老头眼睛一瞪说：“不可能！我明明看见那两个小孩钻进棺材里，怎么会一转眼就没了呢？”

老头探身进去，用手敲了敲棺材底，发出“嘭嘭”的声音。老头命令瘦子：“棺材底儿是空的，把它打开！”

瘦子一拉棺材底，底是活的。瘦子忙说：“头儿，下面是地道！”

老头爬进棺材说：“快下地道，追上两个孩子！”

回头再来说说赵民和王军。他俩顺着地道往下走，走着走着被一件发着寒光的东西挡住了去路。

“这是什么东西?”王军走近一看,“啊,是一把悬空的大铡刀!”

要想过去,就得从铡刀下面爬过去,这可太危险了!必须把铡刀放下来。王军眼尖,他指着铡刀说:“你看,铡刀上面有字。”

赵民看见有10个小格子,右边还有一个摇柄。下面写着几行字:

> 10个格子表示一个十位数,它的每3个相邻数字之和都等于15。算出△是几,把摇柄按顺时针方向摇几圈,铡刀就会自动落下。

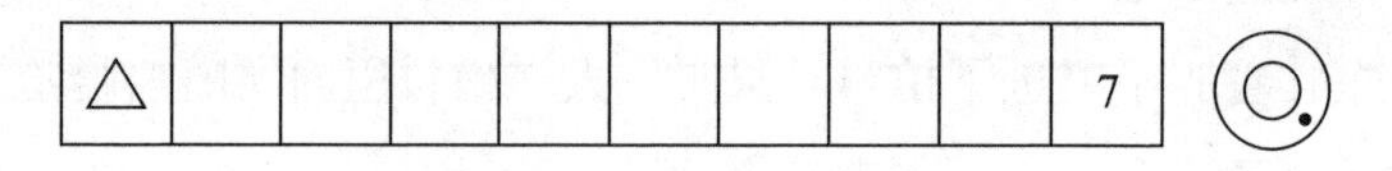

赵民摸着脑袋,说:“7和△中间隔着8个空格,怎么能知道△是多少?”

王军说:“它还告诉我们,每3个相邻数字之和都等于15哩!”

赵民问:“这有什么用?”

“怎么没用?最右边的3个数字之和等于15。从右数第2、3、4位数字之和也等于15,由于第2、3两位数字没变,所以第4位数字一定是7。同样道理,第7位、第10位也一定是7。”王军说完在空格里填了3个7。

△ 7			7			7			7

赵民高兴地一拍手说:“好了,△等于7,把摇柄顺时针摇7下。”赵民刚刚摇完,铡刀就自动放了下来。

赵民听到后面的脚步声,忙说:“有人跟踪咱们,快躲起来!”两人藏到黑暗的角落。老头带着一胖一瘦两人从他俩身边匆匆走过。

赵民说:“这个老头挺面熟!”

小金字塔

王军看老头面熟，一拍大腿说："我想起来了！他是咱们刚到古堡时遇到的那个老头。"

"是他。他还吓唬咱俩哪！"赵民眼珠一转说，"他为什么要跟着咱们呢？要留点神！"

两个人继续往前走，越走越亮，走出一个洞口就又跑到外面来了。

王军晃着脑袋说："古堡走完了，咱们探得什么秘密了？"

"没有走完。"赵民往前一指说，"看，前面有座小金字塔，秘密一定藏在那里面。"

两人跑过去，围着塔转了一圈，发现小金字塔连个门都没有。

王军失望地说："连个门都没有，怎么进得去？"

赵民想了想说："古里图国王是一位数学家，这小金字塔的门也一定与数学有关。咱俩先量量这个金字塔的底座吧。"

两人用皮尺测量底座，每边都是 31.4 米，是个标准的正方形。

王军说："31.4 是 3.14 的 10 倍，这 3.14 可是圆周率呀！"

赵民问："秘密会不会藏在圆里？"

王军趴在地上算了一阵子，说："嗯，有门儿！如果以 5 米为半径画个大圆，这个大圆的周长就是 $2\pi r=2\times3.14\times5=31.4$ 米，刚好等于底座边长。"

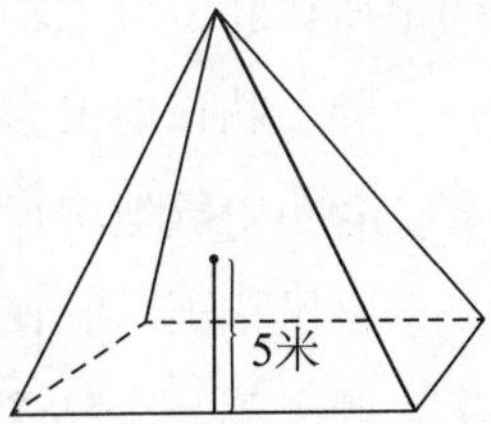

王军在金字塔底座一条边的中点摁住皮尺一头，赵民拿着皮尺往金字塔上爬量出 5 米。

赵民说："这就是那个大圆的圆心。"他用力推圆心处（如右图）的石头，推不动。

5米

他们又换了一条底边，向上量到 5 米处，赵民用力一推圆心处的石头，只听"轰隆"一声巨响，小金字塔上立刻出现了一个大圆门。

赵民顺着小金字塔的斜坡滚了下来，他拍着手高兴地说："太好啦！出现了一个大圆门。"

王军说："这就是那个半径等于5米的圆。"

两个人飞快地从圆门进入了小金字塔。刚一进门，就吓了一跳，只见两个全副武装的士兵站在门口。

王军紧张地叫道："有卫兵！"

赵民仔细看了看，说："不要害怕，是假人。"

正在这时，后面传来老头的声音："两个小孩已经进小金字塔了，快跟上！"

赵民眼珠一转，说："我来治治他们！"

连滚带爬

赵民说要治治跟踪他们的老头。

王军问："怎么个治法？"

赵民拿出一条绳子，两头分别系在两名士兵的腿上。绳子系好后，赵民拉着王军说："咱俩先藏起来，有好戏看！"

老头第一个跑了进来，由于眼神不好，脚被绳子绊住，"咕咚"一声摔了个嘴啃泥。老头这一碰绳子可不得了，两名士兵同时向前倒去，一个压在胖子身上，一个压在瘦子身上。

胖子躺在地上大喊："卫兵用矛扎我，救命啊！"

老头生气地说："这是两个假人，假人怎么会扎你？快起来！"

赵民和王军躲在暗处，捂着嘴，憋不住要笑出声来。

胖子第一个钻了进去。他在里面大喊："头儿，这里面特别黑，什么也看不见。哎哟，还要下台阶哪！"

胖子一边数着数，一边下台阶："1、2，哎哟！摔死我啦！头儿，这里的台阶不一样高。”

老头在外面大喊：“胖子，你找一找这高矮台阶有什么规律?”

“我再试试。”胖子又往下走，“1、2、3，哎哟！又摔一跤！ 1、2、3、4、5，哎哟！摔死我啦！这是什么鬼路?”

赵民和王军听着胖子边走边摔跤，差点笑出声来。赵民说：“咱俩找一找这台阶的高矮有什么规律。”

王军说：“胖子在里面走的台阶是2低1高，3低1高，5低1高，8低1高。”

“嗯，我看出来了。每后一个低台阶的级数等于前面两个相邻低台阶级数之和。我把低台阶级数写出来。”赵民写出：

2、3、5、8、13、21…

王军说：“咱俩就按这个规律下台阶，保证摔不着!”两人手拉手，口中数着数，按着规律很顺利地就下到底层。

“哎，那三个坏蛋呢?”赵民警惕地向四周察看。

突然，透过一丝光亮，他俩听到“啾、啾”的声音，十分可怕。王军浑身一哆嗦，说：“这好像是鬼叫!”

赵民笑笑说：“哪儿来的鬼呀！不要自己吓唬自己。”他一转身，看见一蹦一跳来了一个活“怪物”。

“啊!”赵民也吃了一惊，但是他很快又镇定下来了。因为他相信世界上不存在什么鬼魂!

赵民大声问：“你是什么人?”

“怪物”回答：“我就是这个古堡的主人——古里图国王。”

赵民一歪脑袋说：“你是古里图国王？好，我来考考你。”

真假国王

赵民问那“怪物”：“有个胖小偷从古堡盗走$\frac{1}{3}$的宝物，另一个瘦小偷从剩余的宝物中盗走$\frac{1}{17}$，只给他们的同伙留下150件宝物。问古堡中原有多少宝物?”

“古堡中原有多少宝物，我给忘了。不过，我可以算出来。”那“怪物”边说边算，“设古堡中原有宝物为1，胖子取走$\frac{1}{3}$，瘦子取走$(1-\frac{1}{3})\times\frac{1}{17}=\frac{2}{51}$，古堡中剩下的宝物有$1-\frac{1}{3}-\frac{2}{51}=\frac{32}{51}$。古堡中原有宝物$150\div\frac{32}{51}=239\frac{1}{16}$（件）。”

“怪物”看着最后的答数直发愣。他自言自语地说：“这么多宝物，胖子和瘦子只给我留下了150件，不成！而这$\frac{1}{16}$又是什么意思呢?”

“$\frac{1}{16}$是一只宝瓶摔碎了，只给你留下了一小块碎片。”赵民说着一挥手说，“上!”

赵民和王军一齐扑向“怪物”，把“怪物”按在地上一顿猛打，打得他“嗷嗷”乱叫，把面罩也打掉了。赵民拿出手电一照才知道，那“怪物”不是别人，正是那个老头。老头见事已败露，撒腿就跑。

“哈哈”，赵民和王军看到老头狼狈逃走的样子，觉得十分可笑。

两人手拉手往前走。王军突然停了下来，赵民用手电一照，好险！地上有一个大圆洞。王军倒吸了一口凉气：“这个陷阱直径足有4米，这可怎么过去呀？能跳过去吗?”

赵民摇头说：“不能，不能。不能冒这个险！唉，王军，你看这儿有4块木板，它们都一样长。”

王军拿起一块木板一试，差1米才能够着另一边。王军着急地说：“哎呀！不能用。”

赵民眼睛一亮说：“我有个好主意!”

巧过陷阱

赵民拿起木板说：“咱们给它这样摆一下，就能过去了。”说着就用4块木板搭成一个“山”字形。

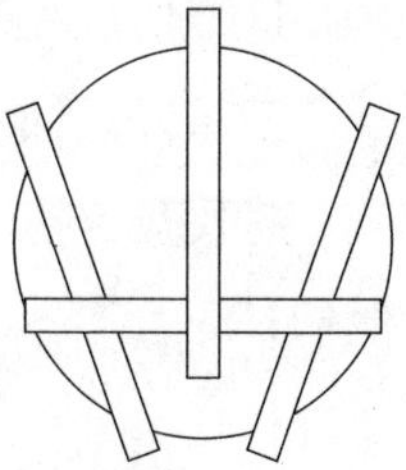

“好喽，咱俩过去喽！”赵民拉着王军的手，小心翼翼地踩着木板过了陷阱。

王军擦了一把头上的汗说：“咱们赶快走吧！”

“不成！我得把这块木板抽掉，让那三个坏蛋过不来。”说完，赵民把最靠近他的那块木板抽了出来。

胖子也发现了陷阱，他说：“头儿，前面有个大陷阱，过陷阱的木板让那两个小孩给拆了。”

老头眉头一皱说：“你们俩研究一下，有什么好办法能过去？”

胖子和瘦子嘀咕了几句，瘦子对老头说：“头儿，我们有个好主意。我和胖子把您先扔过去，您过去把那块木板搭好，我们俩再过去。”

胖子笑嘻嘻地说：“头儿，您那么瘦，稍一用劲儿就能把您扔过去。”

老头指着瘦子说：“他比我还瘦，为什么不把他扔过去？”

瘦子说：“虽然说咱俩都够瘦的，可是我有劲。我保证能把您安全地扔过去。”

老头没话可说了，他嘱咐：“要扔就用劲儿扔，千万别让我掉进陷阱里。”

“头儿，您放心吧！”两人抬起了老头，“1、2、3，扔！”只听“嗖”的一声，老头被扔了出去。

“扑通！”“哎呀！”老头骂道：“你们两个坏蛋，摔死我啦！”

老头把木板重新搭好，胖子和瘦子过了陷阱。两人搀扶着老头往前走，走一步老头“哎哟”一声。

突然，胖子高兴地说：“头儿，前面有亮光，古堡藏宝的地方可能到了！”

老头一听藏宝的地方要到了，立刻来了精神，推开两个人大步向前走去。

这一切被藏在暗处的赵民和王军看得清清楚楚。

王军说：“他们要盗取古堡中的财宝！”

赵民一字一句地说：“我们决不能让他们的阴谋得逞！走，跟上他们！”

大放光明

老头向前紧走了几步，看到一个大架子。架子旁立着一个木牌，上面写着：

后来人，这里是我的财宝集中地。只是黑暗遮住了你的眼睛。不过，这个灯架上有 8 个顶点，每个顶点都有 6 盏油灯，在 G、A 两处点着长明灯。你要不重复地一次走遍 8 个顶点，点亮各点的一盏灯，共走 6 次，可把全部油灯点亮，到时你会看清楚这里的一切。注意，每次走的路线要不相同，走错了你会倒霉的！

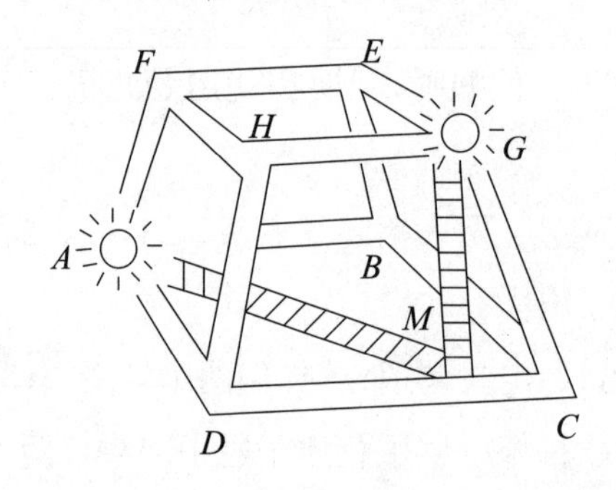

古里图国王

胖子高兴了，他说：“哈，咱们把所有的灯都点亮，财宝就全归咱们啦！”

老头眼珠一转，说：“为了点得快些，咱们分三路走。我从 B 点走，胖子从 D 点走，瘦子从 A 点走。灯没全部点亮之前，咱们不能碰面。”

“好的。”胖子和瘦子点点头就走了。

老头从 B 走到 C，胖子从 D 走到 C。瘦子走得快，他只奔着亮的地方去，他从 A 走到 M，从 M 沿着梯子爬到 G 点，由 G 下到 C。说来也巧，3 个人又同时到了 C 点。

老头一跺脚说：“怎么搞的，咱们这么快就碰面了。”胖子想了一个主意，他说：“甭听那个死国王的，咱们先把 C 点的 6 盏灯点亮再说。”瘦子同意胖子的意见，两人很快把 C 点的灯全点亮了。

说时迟，那时快。“噗”的一声，6 盏灯同时熄灭，上面“哗”的一声下来一个大铁笼子，把三个人都罩在了里面。

赵民跑了过来，说：“三个坏蛋出事了，咱们俩来点灯。”

“不能乱点灯，要先寻找规律。”王军蹲在地上，先设计了一个路线图。

王军说：“每次都从 A 点出发，到 G 点结束，共 6 条不同路线，咱俩各走 3 条。”（如图）

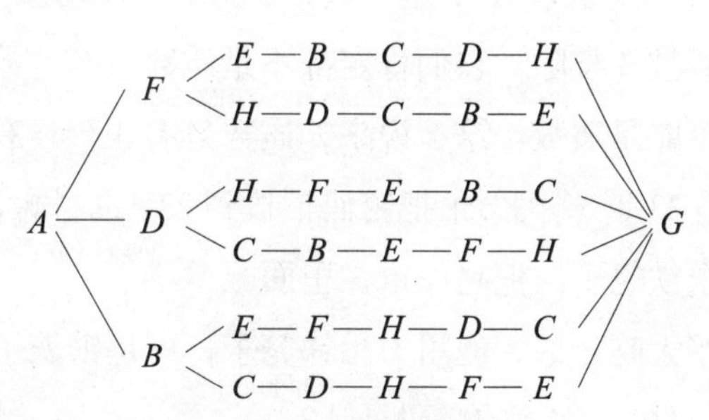

“好！按着这 6 条路线走，一定能成功！”赵民开始点灯。

开启宝箱

赵民和王军把灯架子上的灯全部点亮，整个屋子亮如白昼。

“我们成功啦！ 48盏灯全部点亮了！”

“太漂亮啦！”

两个人在屋里又蹦又跳。

他俩找到了许多大箱子，箱子上分别写着“数学书”“体育书”“金子”“珠宝”等字样。

赵民喜欢体育，他选择了写有“体育书”的箱子。箱子上挂着密码锁，旁边有几行小字：

> 用1、2、3三个数字，按任意顺序排列，可以得到不同的一位数、两位数、三位数。把其中的质数挑出来，按从小到大的顺序排好，用第三个质数的号码开锁。

赵民对王军说：“虽然我的数学不如你好，但是这么简单的问题我还能解决。”赵民躲在一边要独立完成。

赵民自言自语地说：“1不是质数，2也不是，3是。用1、2、3组成三位数肯定能被3整除，它们肯定都不是质数。两位数中只有个位数为1和3的才可能是质数。这么说来，质数只有4个：3、13、23、31。好，开锁密码是23！”赵民急忙把密码锁拨到23。谁料想，“哗啦”一声，从上面掉下一个铁笼子，把赵民罩在里面。

“啊！”王军大吃一惊，他用力抬铁笼子，可是铁笼子纹丝不动。

王军问：“赵民，你算的密码是几?”

“23啊！”赵民显得很有把握。

王军着急地一跺脚：“一共可以排出5个质数：2、3、13、23、31。密码应该是13呀！”

“2？ 2可是偶数啊！ 2是质数吗?”赵民有点糊涂。

王军说：“质数中只有2是偶数，2也是最小的质数。”王军赶紧把密码改为13，铁笼自动升了上去。

话说两头，在铁笼子罩住赵民的同时，罩住坏蛋的铁笼子却自动升了上去，三个坏蛋也得救了。

老头看赵民正要打开宝箱，急得不得了，掏出手枪大喊一声：“快上!”

三个坏蛋从三面包围了赵民和王军。

老头“嘿嘿”一阵冷笑，说：“这些宝物都是我的，看谁敢动!”

捉拿盗贼

老头拿着手枪，胖子举着匕首，瘦子耍着木棍，从三个方向包围了赵民和王军。

老头要把宝箱占为己有。

赵民站起来，理直气壮地说：“所有文物都属国家所有，私人不得侵占!”

“国家的? 谁找到的就归谁!”老头撇着大嘴说，“你们把这两个小孩给我捆起来!”

胖子和瘦子刚要动手，只听一声大喝：“三个坏蛋把手举起来!”赵民回头一看，原来是爸爸带着几名考古队员端着猎枪站在门口。

赵队长揪住老头衣领，责问道：“说实话，你从古堡中已拿走了多少件文物?”

老头想要赖，他说：“我拿走的物品数嘛……用这个数去除205、262、300，所得的余数相同，哼，有能耐自己去算吧!”

“你难不倒我们! 这个数去除3个数的余数相同，说明这3个数任意两个数的差，一定能被这个数整除。”

王军说着写出几个算式：

$$300-262=38=2\times19,$$

$$300-205=95=5\times19,$$

$$262-205=57=3\times19。$$

赵民看出了门道，他说：“这个数肯定是19，坏老头从古堡中已经偷走了19件文物！”

赵队长问：“你把文物藏在什么地方？”

老头说：“出了古堡的正门走HA步，我埋在那儿了。”说完他写了张纸条递了过去，上面写着：

$$\frac{AHHAAH}{JOKE}=HA$$

赵队长接过纸条一看，双眉紧皱：“$JOKE$！玩笑？你说我们开玩笑？”

“对。我出的这个特殊数学式，你们想解出来，纯粹是开玩笑！”老头得意极了。

王军接过纸条说：“我来试试！”

由$\frac{AHHAAH}{JOKE}=HA$，可得$\frac{AHHAAH}{HA}=JOKE$；再看左边：

$$\begin{aligned}\frac{AHHAAH}{HA}&=\frac{AH\times10000+HA\times100+AH}{HA}\\&=100+\frac{10001\times AH}{HA}\\&=100+\frac{73\times137\times AH}{HA}。\end{aligned}$$

王军说：“由于HA是两位数，它必然等于73。”

老头一屁股坐在了地上，哀叹：“我一切都完啦！”

赵队长下令：“把这三名文物盗窃犯押走！”

6. 小眼镜旅游破案记

小眼镜爱看书，也爱旅游，这不，刚骑鹰访古回来，好好发愤了一个学期，暑假又要到了。小眼镜计划这次去祖国各地走走。

两个水鬼

小眼镜的第一站是海滨城市青岛。来到青岛，不能不看一看美丽的栈桥。

导游小姐介绍说：“栈桥是青岛的标志，它始建于1892年，也就是清光绪十八年。最初清政府在这里修建了供海军码头用的木桥，1893年竣工时，桥长200米，宽10米，石基灰面，桥面两侧装有铁护栏。后经多次修缮与改建，如今，栈桥的侧墙采用浆砌蘑菇石镶面，整个桥面用机刨花岗石板铺装，能抵御50年一遇的风浪。

导游小姐又往栈桥的尽头一指：“最南端建有‘回澜阁’，它是用钢

筋混凝土修建的八角形的双层亭子，琉璃瓦覆顶，可登高远眺。”

小眼镜看见大海兴奋极了：“青岛真是一个好地方，我一看见大海，就想到海里游泳！”

正好，导游小姐告诉大家，旁边就是海滨浴场，大家可以自由玩耍。小眼镜迫不及待地跳入海中，他越游越快，游着游着，游到了一处偏僻的水面。小眼镜怕遇到鲨鱼，赶紧往回游，突然海面上出现很大的波纹，“哇！”小眼镜心里一惊，是不是来了大鲨鱼？只听“哗啦”一声，从水里钻出两个怪物。

“怪物！我快钻进水里躲起来！”小眼镜深吸一口气钻进了水里，然后慢慢地冒出头，露出眼睛观察。

这两个怪物先露出圆圆的发着金属光泽的脑袋，难道是外星人？接着露出了一身潜水服，啊，不是外星人，原来是两个“水鬼”。只见他俩抬着一个大箱子，快步向岸边走去。

“这两个水鬼抬的是什么东西？我要跟踪他们，探个究竟。”好奇心驱使小眼镜远远地跟在后面。

只见两个水鬼上了岸，左右看看，见四周无人，快速用铁锨在沙地上挖了一个大坑，把箱子埋进去后又马上跳入海里游走了。

小眼镜自言自语：“他俩为什么要把箱子埋进沙子里？这箱子里装的是什么呢？这里面肯定有问题。”他慢慢靠近埋箱子的地点，趴在沙子上仔细地听。他听到轻微的滴答声，像有一只钟表在走动。

“不好！箱子里有定时炸弹，我要赶紧报告警察！”

带有密码锁的箱子

小眼镜虽然有些害怕，但强烈的责任心驱使他赶紧找到警察局，把他看到的一切向警察做了汇报。接待他的是王探长。王探长四十岁左右，矮矮的个子，说着带有青岛口音的普通话。土探长非常重视小眼镜反映的情况，立刻命令老刘警官和小唐警官跟随小眼镜去案发地点。老刘警官有五十多岁，一看就是一名经验非常丰富的老警官。小唐警官有二三十岁的样子，身材高大体格健壮，一看就是一名格斗高手。

两名警官跟随小眼镜来到海边，找到埋箱子的地点，趴在沙滩上仔细听了听箱子里发出的声响。小眼镜说："把箱子挖出来看看里面装着什么东西？很可能是定时炸弹！"

老刘警官摇摇头说："先不着急挖出来，我们分析一下：这个地方很偏僻，他在这儿搞爆炸破坏的目的是什么呢？炸人没人，炸物又没物。"

"那箱子里会是什么呢？"小眼镜想早点揭开谜底。

"不知道。我想会有人来取这个箱子的，我们先埋伏起来，看什么人来取箱子。"说完三个人就埋伏在一块大石头后面。

小眼镜又小声说："警官叔叔，送箱子的水鬼已经跑了，咱们还不赶紧去抓水鬼？我知道他们逃跑的方向！"

老刘警官笑了笑说："水鬼跑不了，会有人专门去抓他们。咱们的任务是在这儿等着接货人，也就是抓他们的下家！我相信待会儿准有人来取箱子。"

"我明白，这叫'蹲坑'，专等坏蛋出现！"小眼镜好像自己也成了警官。

老刘警官用手机向探长报告："探长，我们已经埋伏好了，专等取箱子的人。两个水鬼已朝公海逃去，请迅速派巡逻艇抓捕！"

这"蹲坑"的滋味并不好受，夏天的太阳要把人烤干了，海滩上的沙子摸上去都烫人。小眼镜大汗直流，小唐警官不断递给他矿泉水喝。好不容易熬到太阳落山，天色渐渐黑下来的时候，只见一辆面包车开来，在不远处停下。车上下来一高一矮两个人，两人朝左右看了又看，确信周围没人后，从车上各扛一把铁锨，朝埋箱子的地方走来。

小眼镜紧张地说：“快看！坏蛋来了！”

“嘘——”老刘警官小声说，“别出声！等他们把箱子挖出来，咱们再出击，要人赃俱获！”

沙子挖起来比较容易，两人很快就挖出了箱子。

矮个子把箱子仔细看了看，说：“就是它！咱俩赶快把它抬走！”两人把箱子用绳子捆好，抬起来刚想走，说时迟那时快，“不许动！举起手来！”两名警官握着手枪冲了出去。

高个子大叫一声：“警察来了，快跑！”

“站住！再跑我就开枪啦！”小唐警官用枪逼住他们，“把箱子打开，我们要检查！”

矮个子还想抵抗：“凭什么检查？”

小唐警官出示搜查证：“看看这是什么！”

高个子说：“这箱子用的是密码锁，没有密码别想打开！箱子里还藏有定时炸弹，密码弄错了就要爆炸！”

破译密码

老刘警官追问：“密码是什么？”

矮个子死不承认：“什么密码？我们只管来取箱子，不知道什么密码！”

老刘警官说：“我劝你还是老实把密码交出来，这算你主动交代，如果我们从你身上搜出来，你可就罪加一等了！”

思想斗争了半天，矮个子百般不情愿地从口袋里拿出一张纸条交给老刘警官：“密码就写在这张纸条上，密码是多少我们还没算出来哪！”

老刘警官接过纸条，只见上面写着：

密码为 xx，x 是使下面乘积的最后四位数字都是 0 的最小自然数。

$$975\times935\times972\times x$$

高个子在一旁说风凉话：“这个问题难得很，你们如果算不出来，对不起，我们抬起箱子就走！”

小眼镜一听高个子的话，气不打一处来，他挺身而出：“警官叔叔，我来试试。”

老刘警官点点头：“好啊，你来试试。”

小眼镜分析说：“前面 3 个乘数的末位数虽然都不是 0，但是它们或是 2 或是 5，2 和 5 相乘就会出现 0。”

老刘警官鼓励说：“分析得对！”

“我把这 3 个乘数各自分解，就有：

$$975=5\times5\times39;\ 935=5\times187;\ 972=2\times2\times243。$$

这些因数中有 3 个 5，有 2 个 2，再补上 $5\times2\times2=20$ 就可以使最后四位数字都是 0。所以 $x=20$，密码 xx 就是 2020。”

小唐警官刚刚拨完密码，只听“咔嗒”一响，箱子自己打开了，里面全是黄色方砖形的塑料包和一只小表。老刘警官打开一包一看，里面是白色粉末，用指尖蘸了点，闻了闻，说：“这是纯度很高的海洛因！”

听了这话，一高一矮两个坏蛋知道事已败露，都低下了头，小唐警官给他俩戴上了手铐。

小眼镜提醒：“看！箱子里还有一只表哪！”

小唐警官拿起小表看了看：“这就是一只普通的表，没什么特殊的。”

小眼镜眼尖，他看了看自己手腕上的表：“不对，这只表快了许多。”

小唐警官又认真看了看：“还真快了不少哪！快了 1 小时 17 分钟。”

“快那么多？”老刘警官紧皱眉头在思索着什么。他随手把表放进了口袋里。

这时，海面上传来马达声，一艘海岸巡逻艇飞驰而来，两名警察从艇上押下两个水鬼。小眼镜说："对！就是这两个水鬼把装有毒品的箱子埋在沙滩上的！"

崂山道士

回到警局，老刘警官和小唐警官开始审讯矮个子，小眼镜作为证人在一旁听着。

小唐警官问："你叫什么名字？做什么工作？"

矮个子垂头丧气地回答："我叫王二胖，无业。"

"你们把这些毒品送给谁？"

"送给两个崂山道士。"

"你们的接头暗号是什么？"

"接头暗号？"王二胖愣了一下，"崂山道士个个是神仙，他们能掐会算，根本用不着接头暗号。"

老刘警官问："那你怎么和他们接头？"

"见面后，让崂山道士给我算上一卦，算算我爱人的年龄。如果算对了，把货交给他们就没错！"

审讯结束后，老刘警官向王探长做了汇报。

王探长听了汇报，想了想，对两名警官说："看来这里隐藏着一个贩毒集团。老刘、小唐，你们换上便衣，化装成游客，上崂山和接货的道士接头，寻机捉拿，要摸清这个贩毒集团的主谋和他们的组织结构。"

"是！"两名警官行了一个举手礼。

小眼镜也赶紧行了一个举手礼，大声答道："是！"

王探长觉得好笑："小朋友，你这是什么意思？"

小眼镜一本正经地说："我要求参战，我会起作用的！"

王探长十分犹疑，他问老刘和小唐："缉毒工作有很大的风险，你们能保证他的安全吗？"

"能！"两名警官又行了一个举手礼。

"太好啦！"小眼镜兴奋得一跳老高。

两名警官换上了便装。老刘警官上身穿了一件浅蓝色的T恤衫，下穿白色运动裤，小唐警官上身穿红色T恤衫，下穿花格运动短裤，他俩装扮成两名旅游者和小眼镜一起向崂山走去。

老刘警官知道小眼镜是第一次来崂山，主动当起了导游。他介绍说："崂山素有'海上名山第一'之称，面临黄海，主峰高1132.7米。山高险峻，自古被称为'神仙窟宅'，秦始皇、汉武帝都曾登崂山寻仙。山上的太清宫是崂山最大的道观，号称'道教全真天下第二丛林'，有九宫、八观、七十二庵，鼎盛时期有道士上千人。崂山道士法术高超，更是远近出名。"

小唐警官接着说："唐代大诗人李白曾写诗赞扬崂山：'我昔东海上，劳山餐紫霞。亲见安期公，食枣大如瓜。'古人曾列崂山十二奇峰，有巨峰旭照、九水明漪、狮峰宾日、太清水月等。"

小眼镜一路欣赏着崂山的风景，可是心里总惦记两个崂山道士，他问："刘叔叔，咱们要见的崂山道士也神通广大吗？这些崂山道士真会算年龄？"

老刘警官笑笑说："神通广大也都是口头相传，但是算年龄肯定是假的，不过，我们必须揭穿他们的鬼把戏才行。"

小表的妙用

小眼镜东张西望，山上的游人尽管很多，却一个老道士的影子也没看见。

小眼镜有点着急："小唐叔叔，怎么老道士还不来呀?"

小唐警官看到小眼镜着急的样子，笑了："别着急啊！你没当过警察，这办案可是个细致活儿，需要耐心。"

"嘘——不要说话。"老刘警官往山上一努嘴。

小眼镜看见两名道士从山上走了下来，其中一个又高又胖，长着一脸横肉；另一个又矮又瘦，脸色灰暗，一看就知道是个吸毒者。小唐警官立刻迎了上去。

小唐警官对两个道士微微点头，说："二位道长，我们是到青岛来旅游的，久闻崂山道长极善算卦，今日能否给我算上一卦？算卦费用我当加倍奉上。"

瘦道士上上下下打量着小唐警官，看了有二三分钟，小眼镜在一旁心里直发毛。

瘦道士不动声色地笑了笑："施主要问什么呀?"

小唐警官往前走了两步，凑到瘦道士跟前小声说："算算我和我爱人的年龄?"

"嗯?"瘦道士双眉紧皱，"怪哉！自己的年龄还要别人来算？你这是'明知故算'哪！"说完，他向左右看了看，又小声说，"不过，贫道还是愿意给施主算上一卦，以证明贫道所算不假。"

小唐警官赶紧对瘦道士拱手："那就有劳道长啦！"

瘦道士煞有介事地说："请施主把您的年龄用 5 乘，再加 6，然后乘以 20，再加上您爱人的年龄，再减去一年的天数 365，把最后的结果告诉贫道。"

小唐警官的心算能力还真不错，他略微算了一下，说："结果是 2884。"

瘦道士脱口而出："施主今年 31 岁，您爱人是 29 岁。不知贫道算的对否?”

小唐警官假装大吃一惊:“哎呀！道长算得是分毫不差，真乃神卦!”

瘦道士突然问了一个问题:“现在几点了?”

由于事先没有准备，小唐警官愣了一下。瘦道士看小唐警官答不出来，双眉往上一挑，鼻子里发出了“嗯?”的一声。

老刘警官赶紧从口袋里拿出那只小表，笑着说:“问时间哪？你问我呀！现在的时间是14点28分。”

瘦道士从口袋里掏出一只一模一样的小表看了一眼，然后压低声音说:“我还算出，施主给贫道带来一个箱子，请施主交给贫道吧!”

小眼镜这才明白，原来箱子里的小表是用来进行秘密联络的。表上的特殊时间也是事先对好的，它是一种暗号。只有两个人所持的表时间完全一样，才算对上了暗号。

老刘警官对道士说:“箱子太大，带上山不方便，我把它留在汽车里了，我们用汽车给道长送上山去，好吗?”

瘦道士摆摆手:“不劳施主了，让我们到车上去取吧!”

“也好。”小唐警官带着两个道士向停车场走去。

道士却剃个和尚头

几人来到一辆白色面包车前，小唐警官打开车门，瘦道士刚探头往车里看，突然从里面跳出两名拿着手枪的警察。

持枪警察喝道:“不许动！你们两个因贩卖毒品被捕了!”

“啊!”事发突然，两个道士一愣，瘦道士连忙解释:“误会，误会。出家人怎么能干贩卖毒品那种伤天害理的事呢？这两位先生和这位小朋友可以作证。”

小唐警官拿出拘留证说:“这是拘留证，请跟我们到警察局去一趟，到那里你再解释吧！”警察掏出手铐把两个道士铐上了。

小眼镜十分吃惊：“哇！道士也贩毒？”

这时一名警察从山上领来一位鹤发童颜的老道士。

老刘警官向老道士行了一个举手礼：“请道长辨认一下，这两个是你们道观中的道士吗？”

老道士看了一眼这一胖一瘦两个道士，连连摇头说：“不是，不是，贫道从来没见过这两个人。再说他们两个道冠歪戴着，这也不对呀！”

“既然不会戴，干脆就摘下来吧！”说时迟那时快，小眼镜突然跳起来，一手一个，摘掉了两个假道士的道冠，没想到却露出两个秃头。

老道士吃惊地说：“啊？怎么道士剃了一个和尚头？”

胖假道士摸着锃亮的光头：“哇！露馅了！”

老刘警官问：“你们俩为什么要剃和尚头？”

胖假道士倒回答得爽快：“我们上午装道士去取毒品，下午还要扮和尚去卖毒品哪！”

小唐警官摇摇头：“为了贩卖毒品，你们是又装老道，又装和尚啊！”

老道士气得浑身发抖：“无量寿福！你们真是作孽呀！”

老刘警官对小眼镜说：“咱们还要戳穿他算年龄的鬼把戏！”

瘦假道士一声冷笑：“哼！鬼把戏？那是天算！你们凡夫俗子怎么能了解其中的奥妙？”

“不要听他一派胡言，这里面的鬼把戏我已经知道了！”小眼镜显得十分有把握。

瘦假道士嘲笑道：“哎呀呀，一个乳臭未干的小娃娃，也敢吹大牛？”

小唐警官不理会瘦假道士，转身问小眼镜：“他是怎样算出我和我爱人的年龄的？”

小眼镜说：“其实是你自己把年龄告诉给他的。”

"没有啊！"小唐警官感到十分奇怪。

小眼镜解释说："秘密就在于他最后算出一个四位数，他使得千位数和百位数与你的年龄有关，而十位数和个位数与你的爱人有关。"

"你详细说说。"

"他让你把你的年龄用5乘，再加6，然后乘以20，再加上您爱人的年龄，再减去一年的天数365。写出算式就是

$$(31\times5+6)\times20+29-365=2884。"$$

"对，是这样算的。"

"其实这套算法是固定的，他又乘、又加、又减，目的是搅浑水，想把你搅糊涂了。等你把得数2884算出来，瘦假道士心里把2884再暗自加上245，得3129。结果，31是你的年龄，29是你爱人的年龄。"

"原来是这么回事。"小唐警官对两名警察说，"把这两个毒犯带走！"

两个假道士你看看我，我看看你，叹了一口气："唉，完喽！"

100元换200元

小眼镜没想到这趟旅行还帮助破了个案，心里别提多自豪了。不过因为这个，栈桥的风景还没好好看哪。所以他又来到了栈桥。"栈桥真美丽！我要多拍几张照片。"小眼镜拿起手中的相机，"咔嚓咔嚓"一连照了好几张。

这时，一个穿着花衬衫、戴着墨镜的青年慢慢靠近了他。

墨镜青年以极低的声音对小眼镜说："喂，小朋友，换钱吗？你用100元可以换我的200元。"

小眼镜心想，天底下哪有这么好的事？我倒要弄个究竟。

小眼镜小声问："我换点行吗？"

墨镜青年向左右看了看，问："你手上的钱多吗？少了我可不换。"

小眼镜说：“我手上的钱不多，但和我一起来青岛旅游的人可不少，他们每人都带了许多钱，我动员他们也换。”

“好，好。换得越多越好！”

“你叫什么名字？我怎么和你联系？”

“我叫甄发财。我把我的手机号告诉你。”

他俩先互相留下了手机号，甄发财递给小眼镜一张纸条：“你先把钱收齐，带上钱，按着纸条上写的时间和地点找我，过时不候！”说完他左右看了看，发现确实没有人盯着他，很快就消失在人群中。

甄发财走了以后，小眼镜赶紧打开纸条，只见纸条上写着：

> 明天下午 M 点，出青岛宾馆正门直走 N 千米找我。
>
> M 和 N 各等于多少？
>
> 右图中一共有7个格子。你把1、2、3、4、5、6、7这七个数，分别填入空格中，使得每一横行及每一竖行的和，都等于10。下边两格中最大的数是 M，上边十字中间的数就是 N。

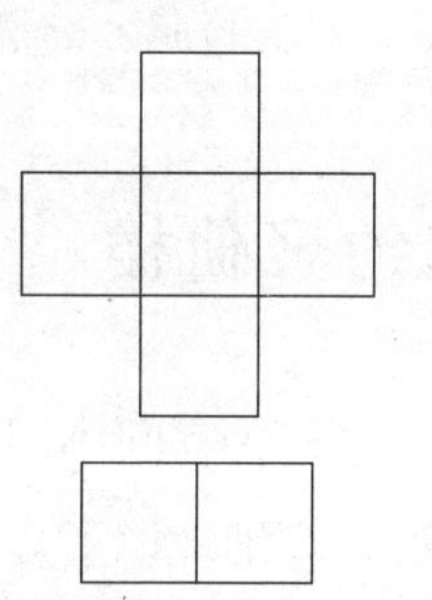

小眼镜看着纸条在琢磨：“这里有两个横行，一个竖行，他要求每一横行及每一竖行的和，都等于10。这样把两个横行和一个竖行中的数字相加就是 $10+10+10=30$，可是 $1+2+3+4+5+6+7=28$，比30还差2哪！”

“应该怎样填哪？”小眼镜认真思考，“关键是上边十字中间的数，横行相加时要加它一次，而竖行相加时还要加它一次。如果把2放在这儿，重复加两次就等于多出一个2，这样正好把28补成30。好了，我就这样填了。”小眼镜把数填了进去。

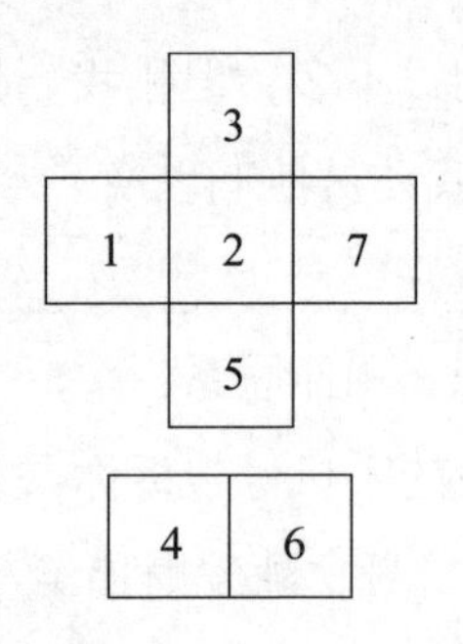

“明天下午 M 点，下边两格中最大的数是 6，他就是让我明天下午 6 点，出青岛宾馆正门直走 N 千米找他。上边十字中间的数 N 就是 2。这样约定地点距青岛宾馆正门 2 千米。”

“这个重要情况必须及时向刘警官反映!”小眼镜赶紧拿出手机，“喂，刘叔叔吗? 我是小眼镜，有一个重要情况向您汇报……”

相约聚仙楼

老刘警官问小眼镜：“出什么事了?”小眼镜把有人用假币换真币的情况，详细地说了一遍。

老刘警官说：“这些假币犯子非常狡猾，必须掌握人证和物证。这样吧，你明天如期赴约，我们在一旁保护你。为了不暴露，你看见我们千万别打招呼，他让你怎样做，你就怎样做，但是你一定要多加小心，注意安全!”

小眼镜点点头说：“记住了。”

第二天，小眼镜背了一个双肩包准时来到约定地点。他看了看表：“现在是下午 6 点，这里距青岛宾馆正门 2 千米，没错，就是这儿。”

可能是第一次要一个人面对坏蛋，小眼镜有点紧张，他向周围看了看，发现老刘警官坐在一辆车里，小唐警官正靠在灯柱上看报。小眼镜心里镇定多了。

小眼镜等了好半天，也不见墨镜青年的人影。正着急的时候，突然口袋里的手机响了，是那个青年打来的。他让小眼镜顺着马路往前走1500米，到一家名叫“聚仙楼”的饭店的一楼找个位置等他。

小眼镜按他所说的走进了聚仙楼饭店，找了个角落的位置坐了下来。服务员过来问要点什么菜，小眼镜说在等一个人，人来了再点菜。

没过多会儿，甄发财提着一个密码箱走了进来。

他先跟小眼镜打了声招呼，接着问：“钱带来了吗?”

“钱在我的背包里，我带来了10万元，按你说的，要换你的20万元。”

“没问题!”说着甄发财打开密码箱，里面全是一捆一捆的崭新的假币。

甄发财关上密码箱说：“这箱子里是整整20万元。你的10万元呢?”

他刚想拿小眼睛的背包，老刘警官突然出现了：“不许动！举起手来!”

甄发财高举双手，疑惑地看着小眼镜：“啊，你原来是警察局的探子!”

小眼镜摇摇头说：“我是小学生，可不是什么探子，我只不过是帮助警察叔叔抓坏蛋!”

老刘警官抓紧时间审讯甄发财：“你们制造假币的窝点在哪儿?”

甄发财吭哧半天才交待：“在郊区的一栋民房里。”

事不宜迟，老刘警官马上带人扑向制造假币的窝点：“咱们给他来个连锅端!”

端掉老窝

老刘警官带领几名警察，在一个非常偏僻的地方找到了这栋民房，很快就把它包围了。民房的墙修得很高，两扇大铁门紧闭，老刘警官命令甄发财："你去把铁门打开！"

甄发财连忙摆手："不成啊！门上安的是密码锁，按错了密码，整个房子就要爆炸！"

"又是密码锁？"老刘警官追问，"密码是多少？"

甄发财摇头："我不知道。密码只有我们头儿知道。"

"真的一点都不知道？"

"不过，有一次头儿说漏了嘴。"甄发财仔细回忆了一下，"头儿说，密码是两个十位数的乘积中，从十位到十亿位的数字。"

小眼镜忙问："是哪两个十位数的乘积？"

"是 $1111111111\times9999999999$。"甄发财在地上写出了数字乘积。

老刘警官问小眼镜："要不要把乘积算出来？"

小眼镜思考了一下说："乘出来太麻烦，有更简便的方法。凡是遇到 999 这样的数，可以化成 $1000-1$ 来做：

$$\begin{aligned}&1111111111\times9999999999\\=&1111111111\times(10000000000-1)\\=&11111111108888888889。\end{aligned}$$

乘积的第十一位和第十亿位都是 8，密码是 888888888。"

老刘警官督促甄发财："按这个密码快去把门打开！"

门刚一打开，老刘警官大喝一声："冲进去！捉活的！"警察迅速冲了进去。

里面的人看见警察来了，其中一个人大喊："朝四个方向跑！"大家立刻四散逃命。但是警察已经把院子包围了，很快捉住了四个嫌疑人。警察把房子搜查了一遍，并没有发现印假钞的设备。

老刘警官问甄发财："假钞真是在这里印的？"

甄发财点点头。

"谁是老大？"

甄发财看了看那四个嫌疑人，说：“他们都不是。”

老刘警官下了命令：“这个院子里可能还有密室，大家认真地搜！嫌疑人有枪，大家多注意！”

“是！”几名警察分头搜查。

小眼镜也紧跟在小唐警官的身后，认真搜查每一个角落。

可搜了一遍，什么也没发现。小唐警官觉得奇怪：“他们会藏在哪儿呢？”突然他对房子的结构产生了兴趣，他掏出一卷皮尺，和小眼镜一起把正房的后墙宽度量了下，是15米。他们又把房子的前脸量了一下，是9米。

“不对！”小唐警官说，“这前后差了6米，正房里肯定有密室！”

小眼镜围着屋子转了个圈儿：“这密室在哪儿？”

秘密暗门

“要想办法找到密室的门。”小唐警官和小眼镜仔细检查房子内外的每一个细微处。

突然，小眼镜在一张桌子边上发现排列成一行的6个小钮，6个小钮上分别写着数字，下面还有一行字：

1 1 2 2 3 3

○○○○○○

调整这6个数字，使得1与1之间有一个数字，2与2之间有两个数字，3与3之间有三个数字，门自开。

“有门儿！”小眼镜非常兴奋，“这里肯定有秘密暗门，我如果能按这个要求把数字排对，咱们就能找到密室的门了。”

小眼镜开动脑筋思考数字排列的方法。突然，他灵光一闪：“嘿！

我找到了！应该排成312132。”

小唐警官认真检查：“1与1之间是2，2与2之间是13，3与3之间是121，符合要求。”

小眼镜立刻调整了6个数字钮，只听“嗖嗖”两声，两只利箭从对面墙的一个孔洞中射出，直奔小眼镜飞来。说时迟，那时快，小唐警官用力把小眼镜的头往下一按，两只利箭擦着小眼镜的头皮飞了过去，狠狠地钉在墙上。

“真悬哪！”小眼镜一吐舌头，“不对呀！我排的顺序没错啊！怎会有箭射出来呢？”

小唐警官皱着眉头想了想说：“也许这6个数字还有另外一种排法？”

小唐警官的话提醒了小眼镜，他又把6个数字重新排了一遍：

231213。

“这样排也行！”小眼镜把6个数字钮刚刚排好，只听“轰隆”一声响，一面墙向旁边移动，露出了一间很大的密室。小唐警官带头冲了进去，老刘警官带着几名警察也随后跟着。

只见密室里有许多台机器，还有一个矮个子青年。他见警察冲了进来，慌忙从后窗户跳了出去，撒腿就跑。

小唐警官把枪一挥：“坏蛋从后窗户跑了，快追！”

小眼镜也要跟着追上去。老刘警官在后面叫道：“小眼镜你不要追，他们有武器，危险！”靠北墙有一张很厚重的桌子，老刘警官让小眼镜在桌子后面躲起来，然后去追坏蛋了。

警察刚刚追出去，那个矮个子不知从哪儿又跑了回来。他一声冷笑：“哼！我这叫金蝉脱壳。把你们引开，我就可以回来拿制造假币的底版了。这底版才是最重要的，有了底版就不愁再印新钞票。”

矮个子的举动，被躲在桌子后面的小眼镜看得一清二楚：“啊，坏蛋又回来啦！他要干什么？”

矮个子迅速打开一个保险箱，取出底版。

正在这时，小眼镜跳了出来，用枪顶住矮个子的后腰：“不许动！把底版放下，举起手来！”

矮个子乖乖照做。当他回头看时，发现是个小孩拿着玩具手枪：“啊，是玩具枪！”

“去你的吧！”矮个子回头就是一拳，把小眼镜打出老远。

小眼镜大叫：“啊！我坐飞机了！”然后一屁股坐在了地上。

矮个子右手拔出手枪，恶狠狠地说：“再阻拦我，小心我对你不客气！”说完拿起假钞底版就要从窗口逃走。

老刘警官及时赶到，大喊一声：“站住！”随即一枪正打中矮个子拿枪的手腕。

矮个子疼得哇哇大叫，立刻扔掉了手枪，底版也掉在了地上。

“不许动！”两名警察抓住了矮个子，缴获了印假钞的底版。经过辨认，这矮个子正是假钞制造集团的头儿。

老刘警官向小眼镜行了个举手礼：“小眼镜，你真是一个勇敢机智的小公民！”

小眼镜笑着说：“抓坏蛋，人人有责。”

在青岛协助破获了两大犯罪集团，小眼镜心满意足地说：“小侦探要往南方走喽！下一站是古都南京。”

藏兵洞里的秘密

南京是中国四大古都之一，素有“龙盘虎踞”之称，先后有东吴、东晋、南朝宋、南朝齐、南朝梁、南朝陈，以及五代杨吴（西都）、五代南唐、南宋（行都）、明、太平天国、中华民国在这儿建立都城。

小眼镜首先来到了著名的中华门，旁边的导游小姐正向旅游团成员介绍中华门和藏兵洞:“中华门有600多年的历史，是当今世界上保存最完好、结构最复杂的古城堡，是全国重点文物保护单位。中华门城堡东西宽118.45米，南北深128米。中华门的3道瓮城由4道券门贯通，各券门原有双扇木门和可以上下启动的千斤闸。瓮城里修有27个藏兵洞，可以藏兵3000人。”

小眼镜信步走进藏兵洞:“哇！这藏兵洞好高、好深哪！里面凉气袭人!”

一位老爷爷频频点头赞叹道:“咱们的祖先真了不起！能在城墙里修建这么高大的藏兵洞。”

小眼镜走进其中一个藏兵洞，不想却发现洞深处有两个人在鬼鬼祟祟谈着什么。他仔细一看，一个是高个儿卷毛青年，另一个好像是外国人。

青岛一游，使小眼镜增加了警觉性，他想，这两个人在这么黑暗的角落里干什么哪？不会是干坏事吧？听听他们说些什么!

小眼镜找到一处有利地形，假装蹲下来系鞋带，偷听那两个人的谈话。

卷毛青年压低了声音，小声说:“东西已经弄到手了，在什么地方交货?”

外国胖子听了十分兴奋，用不太流利的汉语忙说:“这里人少，把货拿出来验一下吧!”

卷毛青年左右看了看，从皮包里拿出一件东西:“这是明代的纯金香炉，据说是明朝开国皇帝——明太祖朱元璋用过的。”

“是嘛!”外国胖子赶紧接过香炉，借着昏暗的光线贪婪地看着。他激动地双手有点发抖，“这么好的东西，你是怎么弄到手的?”

卷毛青年的声音压得更低了:“我是从博物馆偷出来的!”

外国胖子双手紧紧抱住纯金香炉，生怕香炉飞了，说:“这个宝贝我要定了，你说个价钱吧！”

“实话告诉你吧！这个香炉是三个人一起合作偷的。另外两个人一个探路，一个望风。”

“这个好办！我给的钱，你们三个人人有份！”

卷毛青年不以为然：“我们三人可不能平分啊！我要拿大头！”

“那是当然！”外国胖子想了想说，“嗯——这样吧！我把钱分成3份，你拿的钱是望风拿的钱的2倍，而望风拿的钱是探路拿的2倍。这样，你可比探路的多拿711万哪！”

卷毛青年听了大喜过望：“哇！我要发大财了！”

纯金香炉值多少

小眼镜心想，我来算算这个明代纯金香炉值多少钱。卷毛、望风的、探路的，他们所得的钱数都是倍数关系，可以设钱数最少的为1。这1就是1份的意思。

小眼镜接着计算：这样探路的钱数就为1，望风的是他的2倍，应该是2，卷毛是望风的2倍，就应该是$2\times2=4$。卷毛比探路的多3份，而这3份是711万元，1份就是$711\div3=237$（万元）。总钱数是$237\times(1+2+4)=1659$（万元）。

小眼镜惊得一屁股坐在地上：“天啊！一个香炉值这么多钱！这要买香蕉，能买多少呀！够我吃多少年哪！”他转念一想，“不成！这么贵重的国宝，不能让坏蛋买走！我得赶紧去报告警察叔叔。”

想到这里，小眼镜悄悄地向洞外走去，没想到刚走出藏兵洞，就被一个彪形大汉一把揪住。

大汉凶巴巴地说：“你这个小家伙鬼鬼祟祟，我早盯着你了！你是不是警察局派来的探子？”

“探子？噢，你说的是斗蟋蟀用的探子吧？我没有探子。”小眼镜假装没听懂，“我是来旅游的，你看，这是我的旅游证。”

大汉接过旅游证看了半天，然后小声问小眼镜：“你听见里面的两个人在说什么吗?”

“好像是在说分钱的事……”

大汉听到“分钱”两个字，眼睛一亮，心急地问：“分钱？快告诉我，他们是怎样分法?”

小眼镜故意慢吞吞地说：“听他俩说，要把钱分成3份，即总钱数的$\frac{1}{2}$、$\frac{1}{4}$、$\frac{1}{6}$。卷毛得$\frac{1}{2}$，探路的得$\frac{1}{4}$，望风的得$\frac{1}{6}$。”

大汉得意地说：“我得$\frac{1}{6}$也不少了!”

小眼镜摇摇头说：“亏你长得又高又壮的，连这么简单的数学都不会，真傻!”

大汉听小眼镜说他傻，大怒，揪住小眼镜就要打：“你敢说我傻，看我不揍你!”

“慢，慢!”小眼镜说，“我跟你说说道理。你看，根本就不等于1，他们除了给你的$\frac{1}{6}$是最少以外，还留下$\frac{1}{12}$私分哪!”

“想骗我？没门儿！我找他俩算账去!”大汉怒气冲冲地走进藏兵洞。

小眼镜一看机会到了：“我赶快去报告警察。”他刚想往外走，一个穿运动服的青年人拦住了他：“小朋友留步。”

小眼镜一惊，心想，怎么他们又来了一个同伙？穿运动服的青年人把小眼镜拉到了一边，问：“里面的买卖成交了吗?”

小眼镜假装听不懂：“成交什么啦?”

青年人见小眼镜警惕性很高，笑了。他摘下墨镜，又从口袋里取出警官证让小眼镜看。小眼镜看了看警官证，原来这名警官姓王。小眼镜兴奋地说：“王警官，我正要去找你们哪！他们倒卖明代的纯金香炉。”

王警官说："我们知道他们偷卖国宝的事，已经跟踪他们好几天了，只是没有掌握证据，这次终于找到了交易的现场。"

这时藏兵洞里传出了吵闹声，王警官让小眼镜在藏兵洞外等候，他和两名便衣警察冲了进去。原来，三个盗卖文物的人正为分赃不平而大吵大闹。王警官立刻抓住了这三个人，拿回了明代纯金香炉。

王警官说："你们涉嫌偷卖国宝，现在人证物证俱在，你们被拘留了！"

外国胖子问："谁是人证?"

小眼镜站出来说："我是人证！你们俩在藏兵洞谈的交易，我都听到了！"

外国胖子还想抵赖："你听到什么啦?"

"这个明代的纯金香炉是1659万元卖给你的，这笔钱的$\frac{4}{7}$给偷盗的，探路的得$\frac{2}{7}$，望风的得$\frac{1}{7}$。对不对?"

外国胖子低下了头："啊！完了！没想到栽在一名小学生的手里！"

392级台阶之谜

游览完中华门，小眼镜来到了中山陵——中国近代民主革命先行者孙中山先生的陵墓。

导游小姐介绍说："1925年3月12日，孙中山在北京病逝，遵照孙中山先生生前归葬南京紫金山麓的遗愿，当时的国民党政府决定建造中山陵，并于1929年春建成。中山陵前临平川，呈警钟型。陵墓祭堂内刻有孙中山手书的《建国大纲》，正中是孙中山坐姿雕像，墓室里陈放着孙中山卧式雕像。"

小眼镜急着进入祭堂参观，他沿着台阶快速往上爬，一边爬一边数台阶的数目。爬上了最高一层台阶，他停下来喘了口气，擦了一把头上的汗。

几个老爷爷正坐在上面休息。一位白胡子老爷爷冲小眼镜招招手：“小朋友过来！”

小眼镜跑了过去，先向老爷爷行了个礼：“老爷爷好！”

“好，你也好！”白胡子老爷爷很高兴，他问，“我刚才看你在数台阶，这中山陵一共有多少台阶啊？”

“392级台阶。”

“你数的一点也没错。”白胡子老爷爷问，“那你知道为什么要修392级台阶吗？”

“这个嘛……”这个问题对小眼镜来说实在太难了。

“我知道。”旁边一位光头老爷爷说，“这是因为孙中山的遗言共有392个字，所以后人修了392级台阶。”

“不对，不对。”白胡子老爷爷的头摇得像拨浪鼓似的，“中山陵旁边就是灵谷寺，灵谷寺里面的无梁殿就有孙中山遗嘱的全文，前天我去数了一下，共有145个字，就是加上日期、签名也只有167个字。”

一位戴着凉帽的老爷爷说：“我可知道。因为中国历史上总共有392个皇帝，孙中山领导辛亥革命，推翻了中国的封建社会，把皇帝老儿从此赶下了台。为了纪念孙中山先生的功绩，才修建了392级台阶。”

“不对，不对。”白胡子老爷爷又连连摇头，“中国历史从秦始皇到末代皇帝、清朝的溥仪，包括三国两晋南北朝，五代十国辽金夏，总共才有200多个皇帝，离392个皇帝差远了。”

几位老爷爷争论不休，这时一对华侨老夫妻从祭堂出来。华侨老人对老伴讲：“如果能得到一份孙中山手书的《建国大纲》多好啊！”老太太点头称是。

谁知说者无心，听者却有意。一个有点秃顶的矮胖中年人悄悄凑了过来，小声对华侨老人说：“我这有一件国宝，你要不要？”

华侨老人用疑惑的眼光看了他一眼："什么国宝？"

矮胖中年人左右看了看，把声音压得更低："孙中山手书《建国大纲》的原件。"说着他拿出一卷纸，打开一部分，给老人看了看。

华侨老人吃了一惊："你怎么会有这种宝贝？"

中山陵前卖国宝

矮胖中年人神秘地笑了笑："说起来话长了，我一时也和你说不清楚，你要不要吧？"

"多少钱？"

"这件宝贝，我知道的已经转了六道手了，第一个人以425万元卖给了第二个人，第二个人以470万元卖给了第三个人，第三个人以535万元卖给了第四个人，第四个人以594万元卖给了第五个人，第五个人以716万元卖给了第六个人，第六个人以802万元卖给了第七个人。"中年人停了下来，观察一下华侨老人的表情。

华侨老人有点不耐烦："你到底要多少钱？"

矮胖中年人不慌不忙地说："这六次倒手，钱数是有规律的。如果你能从前六次成交的钱数中，算出我要的价钱，我就按这个价钱卖给你；如果你算不出来，对不起，你要多付我50万元，算作计算的劳务费。"

华侨老人皱着眉头说："这6个毫无关系的钱数，我怎么计算？"

矮胖中年人嘿嘿一笑："你不会算不要紧，拿50万元来，我会算。"

小眼镜在一旁实在听不下去了，他站出来说："我一分钱不要，我来算！"

矮胖中年人上下打量着小眼镜："嗬！真有能人，这么点儿小孩就敢吹牛！好，你来算。算对了，钱归你，算错了，就别怪我不客气啦！"说完狠狠瞪了他一眼。

小眼镜白了中年人一眼，说：“我找到规律了，你看：规律是每一个价钱是由上一个价钱与该价钱各数字平方之和。”

华侨老人问：“那他这次要多少钱？”

小眼镜说：“我来算一下，第六次倒手是802万元，那就是：

$$802+8^2+0^2+2^2=802+64+0+4=870$$

算出来了，他要870万元。”

“呀！要这么多钱！”华侨老人连连摇头。

矮胖中年人瞪大了眼睛说：“这是国宝！有很大的升值空间，你拿去一倒手，就可以卖到1000万元。”

华侨老人摆摆手：“对不起，我不要。”夫妻俩互相搀扶，顺着台阶往下走。这个中年人还不死心，跟在后面反复推销他的“宝贝”。

小眼镜灵机一动，快步往山下跑，找到执勤的警官，把矮胖中年人卖所谓孙中山手书《建国大纲》原件的事对警官说了。

不一会儿，华侨老夫妻下山了，那个中年人还跟在后面纠缠。小眼镜一指：“就是那个矮胖中年人。”

警官迎了上去，先敬了个礼，然后让矮胖中年人出示身份证。矮胖中年人支支吾吾拿不出来，警官把他带上警车，走了。

华侨老人握住小眼镜的手，激动地说：“小小年纪，就能智斗卖假文物的贩子，真了不起！”

小眼镜不好意思地笑着说：“和坏蛋做斗争，人人有责！”

狮子林里的斗争

离开南京，小眼镜和旅行团的其他成员坐上火车直奔苏州。

导游小姐介绍：“人们常说，上有天堂，下有苏杭。我们去的苏州，既是水乡，又是桥城和园林之城，被马可·波罗誉为‘东方威尼斯’。

这里最早的皇家园林是吴王阖闾、夫差所建的姑苏台。明、清时代，苏州的私家园林盛极一时，多达200处，保留至今的有10多处。其中的网师园、狮子林、拙政园、留园合称苏州四大古典名园。人称‘江南园林甲天下，苏州园林甲江南’，清朝的乾隆皇帝曾6次游览狮子林。我们首先就去参观狮子林。”

来到狮子林，小眼镜被眼前千姿百态的山石所吸引。导游小姐介绍说：“狮子林始建于元代至正二年，也就是1342年，面积有1.1公顷。山石均为太湖石，占了全园的一半面积，故被誉为‘假山王国’。石峰形状奇特，有如众多狮子，所以起名‘狮子林’。”

小眼镜穿行在石林之间，流连忘返，他感叹道：“看起来真是栩栩如生啊！”

突然，“哇——”的一声哭声吸引了小眼镜的注意，他发现前方不远处有一个四五岁的小男孩在大声哭泣，一个瘦男人和一个胖女人正在吓唬他。

瘦男人连哄带骗：“乖儿子，快叫我爸爸！”

胖女人则凶巴巴地叫道：“不叫爸爸，我就打你！”

小眼镜感到奇怪：这不合情理呀，怎么还有强迫小孩叫自己“爸爸”的，不叫爸爸还要被打？

小男孩又哭又闹，就是不肯叫“爸爸”，胖女人刚想举手打，小眼镜“噌”的蹿了过去，大叫一声：“住手！”

小眼镜不等瘦男人开口，就连珠炮似的问：“你是他爸爸吗？你知道他叫什么名字？你为什么打他？”

瘦男人被小眼镜的气势镇住了，他吞吞吐吐地说：“他叫狗剩儿，他淘气，我才想打他。”

小男孩停止了哭泣，反驳说：“你才叫狗剩儿哪！我叫36。”

“36？为什么叫这么个名字？”小眼镜差点儿乐了。

小男孩解释说："我爸爸是个数学爱好者，他说古希腊数学家毕达哥拉斯特别喜欢数字 36。"

"噢！"小眼镜明白了，他转头问瘦男人，"你说你是他爸爸，那你就说说 36 有哪些奇妙的性质吧！为什么毕达哥拉斯特别喜欢 36？"

瘦男人这下子可傻眼了，他张口结舌："这……对，36 中有 3、有 6，谁不知道 3、6、9 是顺的意思呀！ 36 准和万事顺利有关。"

"胡说！"小眼镜抢白，"36 是一个非常重要的数，它等于正整数中前四个奇数和前四个偶数之和：$36=(1+3+5+7)+(2+4+6+8)$。它又是前三个正整数的立方和：$1^3+2^3+3^3=36$。"

瘦男人吃了一惊："啊，这里面还有这么大学问哪？"

三个骗子

小眼镜不让瘦男人有喘息的机会，紧接着又说："你说你是他爸，你必然是位数学爱好者。我考你一道简单的数学题：一队骗子，一队狗，两队并作一队走。数头得 6，数腿得 18。问你有多少骗子，多少只狗？"

"啊！有骗子？还有狗？这怎么算哪？"瘦男人显然蒙了。

这时，一个高个儿青年分开看热闹的人群，挤了进来。他质问小眼镜："你这小毛孩胡搅蛮缠什么？我可以做证，他就是小孩的爸爸。"

小眼镜十分镇定地回答："他如果真是小孩的爸爸，他应该是一个数学爱好者，这么简单的问题，他应该很容易就能做出来。"

高个儿青年说："他是让你问晕了！我来帮他算算吧！"

青年开始解题："假设 6 个头全是狗头，应该有 $4\times6=24$（条）腿，现在只有 $2\times9=18$（条）腿，多出 6 条腿。"

"由于给每个骗子多算了 2 条腿，$6\div2=3$，说明给 3 个骗子各多算了 2 条腿，由此可知，有 3 个骗子，3 条狗。"

小眼镜指着瘦男人、胖女人和青年人："1、2、3，你们也恰好是三个人!"

瘦男人反应过来了："照你这么说，我们三人是三个骗子啦?"

"是不是，咱们到警察局说说清楚。"

瘦男人小声对胖女人说："咱俩这笔买卖被这个小孩识破了！抱起孩子快跑吧!"瘦男人抱起小男孩和胖女人撒腿就跑。小男孩直哭闹："我不跟你们走！我要找妈妈！哇——"

"你们快把孩子放下!"小眼镜刚想追，青年人一把抓住了小眼镜的胳膊："你这个小孩，太爱管闲事，你追人家干什么?"

小眼镜照着高个儿青年的手腕狠狠咬了一口。"啊!"青年吃痛大叫一声，和小眼镜打了起来。

那边是又哭又闹，这边是又打又叫，惊动了执勤的警察。

"出什么事啦?"三名警察快步跑来。

小眼镜一指瘦男人跑走的方向："快抓坏蛋！他们拐骗小孩!"

一名警察将高个儿青年的胳膊反扣，对另两名警察说："你们分别从两边追过去，断他们的后路，千万别伤着孩子!"

"好!"这两名警察答应一声，绕道追了过去。

没过多会儿，两名警察就押着瘦男人和胖女人回来了，胖女人还紧紧抱着小孩。

警察对小眼镜说："小朋友，谢谢你。我们把他们带回警察局进一步审讯，你去做个旁证吧!"

"好!"小眼镜拉着小男孩的手说，"小 36，这回你可以见到你真正的爸爸妈妈了。"

乾隆年间的花瓶

俗话说“上有天堂，下有苏杭”，去过苏州，也就不能错过杭州，于是小眼镜跟随旅游团从苏州又来到了杭州。

游船是西湖的一道风景线。游客们坐上游船，一边欣赏西湖的美景，一边听导游小姐的讲解：“杭州西湖在国际上被誉为‘世界明珠’。西湖三面环山，湖面有6.39平方千米，苏堤与白堤横贯湖上，把西湖分成五处水面，湖中有三个小岛：小瀛洲（三潭印月）、湖心亭、阮公墩。”

游船来到了著名的西湖十景之一——三潭印月。导游小姐说：“明朝万历年间，钱塘县令在岛周围筑堤，形成湖中湖，作为放生的场所。后有人在湖中建成三座小石塔，称为‘三潭’。”

小眼镜正沉醉于西湖的美景之中，突然发现游船上有两个人鬼鬼祟祟的，和其他游客格格不入。小眼镜出于好奇和小侦探的敏感，假装欣赏风景，往这两人身边走了过去，洗耳静听。

一个瘦高青年说：“我说肥仔，在古瓷展览上，你看到的那一对清代乾隆年间制造的花瓶，绝对是官窑的真品，价值连城啊！”

那个被称为“肥仔”的矮胖中年人点点头：“是件好东西，晚上咱们再去看看。那个马克一定要买乾隆年间的瓷器，他说不怕价高，就怕货不好。瘦狼，你可千万不要错失良机啊！”

瘦高青年面露喜色：“肥仔你放心，让咱们兄弟瞄上的，准跑不了！”

小眼镜暗想：“一个叫肥仔，一个叫瘦狼，不像好人，我偷偷跟着，看看他们到底想干什么？”

这时，游船靠岸了，导游小姐让大家自由活动。那两人边走边密谈，小眼镜则在后面侧耳听着。

瘦狼问：“那个马克给多少钱，值得不值得咱们去冒这个险？”

肥仔不慌不忙地说：“他没有直接说，只给我出了一道题，说答案就是钱数。”

“什么题？说说看。”

“一个数是 5 个 2、3 个 3、2 个 5、1 个 7 的连乘积，求这个数最大的两位数约数。”

听完题，瘦狼有点恼：“这题怎么做啊！给个钱还出题，真是……你会做吗?”

肥仔摇摇头：“我从上小学起，数学从来就没及格过!”

小眼镜脱口说了一句：“一对笨蛋!”

没想到瘦狼的耳朵还挺灵，他转过身来喝道：“你是谁，竟敢骂我们笨蛋?”他一把揪住小眼镜举拳要打。

肥仔连忙拦住说：“慢！看样子他肯定会做这道题。他要是做不出来，再揍他也不迟!”

小眼镜一看四周没有行人，心想好汉不吃眼前亏，于是说道：“我给你们分析一下：最大的两位数是 99，但 99 含有因数 11，这个数是 5 个 2、3 个 3、2 个 5、1 个 7 的连乘积，它的因数中没有 11，因此 99 是不对的；第二大的数是 98，98＝7×7×2，含有两个因数 7，而这里只有一个因数 7，也不对。”

瘦狼急了：“这个数不对，那个数也不对，你到底会不会做?”

“你别着急啊！ 97 是个质数，当然不成。96＝2×2×2×2×2×3，它的因数中有5个2和1个3，行！由于给定的数是5个2、3个3、2个5、1个7的连乘积，它包含有5个2和1个3，能满足要求，最大的两位数就是96。”

深夜盗宝

瘦狼双眼放光："哇！ 96万元，我们要发财啦！"

肥仔立刻制止："嘘——货还没到手哪！你瞎喊什么？"

瘦狼对小眼镜挥了挥拳头："今天晚上我们还有事，看在你把题算出来的份上，这次就饶了你！"

肥仔在一旁催促："快走吧，跟个小孩子废那么多话干吗？"

小眼镜心想："哼！你饶了我，我还饶不了你们哪！你俩等着瞧！"想到这儿，他找到西湖景区派出所，向警察汇报了这一情况。

深夜，南宋官窑博物馆外万籁俱寂，一轮明月高悬天空。

只听一声："上！"一高一矮两条黑影，顺着一条绳子爬上了屋顶。月光下两人的面貌可以看得清清楚楚——正是肥仔和瘦狼。

肥仔小声说："我去把电源切断，你去撬天窗。"

瘦狼点点头："好！"

瘦狼撬开了屋顶上的天窗，然后学了一声猫叫："喵——"

"来了！"肥仔立刻跟了上来。

两人顺着绳子溜进了博物馆，趴在地上观察了好半天，确定屋里无人，才慢慢站起来，打亮手电在屋里开始寻找两个古瓷瓶。

由于白天来踩过点，他们很快就找到了那对乾隆年间的花瓶。

瘦狼兴奋地说："古瓷瓶在这儿！"

"好极啦！"肥仔开始处理监视探头。

突然，博物馆里的灯全亮了。

瘦狼不知所措："啊，怎么灯全亮了？"

肥仔压低了声音说："不好，怕是中埋伏啦！快跑！"

"往哪里跑！把手举起来！"四名拿枪的警察把他们团团围在了中央。

瘦狼百般不解："你们怎么会知道我们今晚的行动？"

这时小眼镜走了出来：“是我检举了你们两个坏蛋！”

瘦狼恨恨地说：“啊，我们俩栽在一个小孩的手里了！”

肥仔沮丧极了：“他知道钱数，完了！”

岳飞墓前

警察把两个犯罪嫌疑人带回了警察局，一位姓郭的警官开始审讯肥仔。

郭警官问：“你叫什么名字？哪里人？做什么工作？”

肥仔答：“我叫孔琶，杭州人，没有工作。”

“孔琶，你怎样和那个收购古瓷瓶的马克联系？”

“按约定，古瓷瓶一到手，我就给他发电子邮件，他来取货。”

“你把马克的 E-mail 地址写下来。”

郭警官给这个马克发出电子邮件：“货已到手，速来取货。”

在电脑前，警官和小眼镜耐心等待马克的回信。

不一会儿，小眼镜指着电脑屏幕说：“快看，他回信了！”

电脑屏幕上的回信是：

请于 A 月 B 日 C 时带着货，在岳王庙的大门外见面。A 是最小的合数，C 是最大的一位数，B 满足下列式子：

$$9 \bigcirc 13 \bigcirc 7=100,$$

$$14 \bigcirc 2 \bigcirc 5=B。$$

要求在○中分别填进＋、－、×、÷ 符号，使上面的等式成立。

郭警官一皱眉头：“这上面天书似的写的都是什么呀？”

小眼镜主动请缨：“我来破译！这最小的合数应该是 4，最大的一位数是 9。由于 100 比 9、13、7 大得多，第一个式子要想成立，必须填：

加号和乘号：$9+13\times7=100$。第二个式子只能用减号和除号：$14\div2-5=B$，$B=2$。”

郭警官认真检查了一遍计算过程，正确无误。“这么说，这位外国客人是4月2日9时来取货，地点是岳王庙的大门外。咱们可要好好会会这位客人。”

郭警官将情况向上级做了汇报，经反复研究，他们确定了抓捕计划。

小眼镜跟着郭警官来到西湖边上的岳王庙。郭警官看了一下周围，见警察们都已到岗，他又看了看手表，说：“时间还早，咱们进庙里看看。”他边走边向小眼镜介绍说，“岳王庙最早建于南宋嘉定十四年，也就是1221年，是为纪念民族英雄岳飞而建。”

庙里头门是一座二层重檐建筑，巍峨庄严，正中挂着“岳王庙”三字竖匾。走进头门是一个院落，中间是一条青石铺成的甬道，两旁古木参天。正殿忠烈祠的上方挂着一块“心昭天日”横匾，是叶剑英元帅的手笔。大殿中央是4.5米高彩色的岳飞塑像，身穿紫色蟒袍臂露金甲，显示了武将的英雄气概。

他们穿过大殿，走到岳飞墓前，看到了秦桧等四人的铸铁跪像，旁边有一副对联：“青山有幸埋忠骨，白铁无辜铸佞臣”。正沉浸在这肃穆的氛围间，小眼镜眼前突然闪现一个眼熟的身影，他不由自主地“啊!”了一声。

郭警官忙问：“怎么啦?”

小眼镜紧张地说：“我看到了肥仔!”

郭警官笑了笑说：“他是咱们有意放出来和外国走私嫌疑犯接头的。和这些嫌疑分子做斗争，必须掌握确凿的人证和物证，不然的话，他们是不会伏法的。”

唱儿歌对暗号

接头的时间快到了，肥仔拎着一个皮箱快步走出了岳王庙。在岳王庙大门外，肥仔不断地看手表，等待着接头的人。没过一会儿，一个穿西服、矮胖身材的外国人，手提一个同样的皮箱走了过来。

这个外国人把自己带来的皮箱和肥仔的皮箱并排放在一起，自己则和肥仔背靠背站在一起，假装观看岳王庙的大门。他仔细观察了周围的情况，确认没有人盯梢，就小声问："哈罗！我是马克，东西带来了？"

肥仔左右看了看，小声说："这里人多，咱们到西湖边上谈。"

肥仔头也不回朝西湖岸边走去，马克紧跟在其后。突然肥仔一指西湖，说道："你看，一只蛤蟆一张嘴，两只眼睛四条腿。"

马克迅速接上："呱呱跳下水。"

一直跟在后面的小眼镜惊奇了："哇！两人开始唱儿歌啦！"

"嘘——"郭警官小声说，"他俩正在对暗号！"

接下来该马克先说了："外面不知是多少，里面还是未知数。"

肥仔立刻接口："风正在吹啊！"

这一来一往把小眼镜弄蒙了："这什么意思？"

"马克出了个谜语，'外面不知是多少，里面还是未知数'。这是一个字谜。"郭警官说。

小眼镜绞尽脑汁："让我想想这个字谜的答案，'外面不知是多少'，'多少'古代人也称'几何'，把这个几何放在外面。'里面还是未知数'，未知数也写作'x'，x在里面。"他眼前一亮，"我知道了，答案是'风'字。"

郭警官也恍然大悟："对啊，所以他回答'风正在吹啊！'"

暗号对了，肥仔和马克互换了皮箱，各自朝两个方向走去。

小眼镜高兴极了："哈，那个马克把皮箱拿走啦！"

郭警官也是放下了一颗心："我们的计划成功啦！"

马克提着皮箱快步往前走，突然一个醉鬼手里拿着酒瓶子拦住了他的去路。

马克警惕起来："你要干什么?"

醉鬼晃晃悠悠地说："不——不干什么，我有一个问题想——问你。"

马克一看这阵势，不回答他的问题，是走不了啦，于是问："什么问题?"

醉鬼连说带比画："一个外——对，就是你们那国人。他站在高——高楼上，看见有一群中——中国小孩在楼下一边喊，一边用手比——比画。老外听——听不懂小孩说什么，从小孩的手——手势可以看出，2比5强，5比0强，0又比2强。你说这——这是怎么回事?"

"2比5强？0又比2强？这是什么逻辑？这是不可能的!"马克把头摇得像拨浪鼓似的，"你一定是酒喝多了!"

石头剪子布

"怎么不可能?"这时一个旁观的小孩给出解释，"他们在玩'石头、剪子、布'游戏。"

小孩伸出食指和中指说："2就是剪子。"再把右手全部伸开，"5就是布。"然后把右手握成拳头，"0就是石头。剪刀能剪布，所以2比5强；布能包住石头，所以5比0强；而剪刀又剪不动石头，所以0又比2强了。"

"噢，是这么回事。"马克说，"太有意思了。不过，我有急事，我要走了。"

"你不能走。"醉鬼纠缠着马克，"你必须和我玩10次'石头、剪子、布'游戏!"

马克急了："你这个醉鬼无理纠缠，我要报警了!"

听“报警”二字，郭警官和一名警察立刻走上前去问：“谁要报警？出什么事了？”

马克一看不好，立刻赔着笑脸说：“警官先生，没、没事，让我走就没事了。”

醉鬼可不干，他死死抓住马克手中的皮箱：“这个皮箱是我的！”

马克听醉鬼这么一说，可慌了神了：“啊，这个皮箱明明是我的！怎么变成他的了？他喝醉了！”

警察说：“既然皮箱是谁的一时说不清，咱们去警察局说吧！”

“啊，要去警察局！”马克立刻头上冒汗。警察不由分说，把马克和醉鬼都带上了警车。

郭警官开始审讯：“你叫什么名字？国籍？都要说真实的！”

马克老老实实地回答：“我叫阿里夫，伊拉克人。”

“你说这只皮箱是你的，那你应该知道皮箱里装的是什么啦！”

“这，这……”阿里夫有些紧张，“里面装的应该是两个瓶子。”

一名警察走过来，打开了皮箱，可里面装的是一块红布、一块石头和一把剪刀。

郭警官说：“你看好了，这里面装的是石头、剪子、布！”

阿里夫惊呼：“哇！我花96万元买的一对古瓶，怎么变成石头、剪子、布了？”

郭警官见时机已到，冲门外喊了一声：“把孔琶带进来！”

一名警察把孔琶押了进来。阿里夫一看见孔琶，立刻心虚地低下了头，脸上一阵红一阵白。

孔琶对阿里夫说：“乾隆年间的花瓶我们根本就没偷到手，在现场就被抓住了。咱们之间的事，警官都知道了。”

郭警官严肃地宣布：“阿里夫，你勾结境内的文物贩子，妄图盗窃我国重要文物，你被拘留啦！”

阿里夫瘫倒在椅子上："完了，鸡飞蛋打！"

神药"保百丸"

离开风景秀丽的杭州，小眼镜改变了路线，一路向北，坐飞机去了天津。

下了飞机，小眼镜的肚子饿得咕咕叫，于是他首先来到了"集八方名菜于一处，揽四方游客聚一餐"的天津食品街。走进食品街，只见街内四门贯通，两条十字交叉的大街，把食品街分成四个分区。上面是玻璃穹顶，下面是汉白玉的回廊，古色古香。

食品街有三层店铺，全国各地的特色小吃琳琅满目。看到这么多好吃的，小眼镜觉得更饿了："这么多好吃的我吃什么哪？"

一位老爷爷操着浓重的天津口音对小眼镜说："你是第一次来天津吧？来到咱们食品街，首先要尝天津的'三绝'：'桂发祥'的大麻花、'耳朵眼'炸糕、'狗不理'包子。"

"谢谢爷爷！"小眼镜听了，直奔"狗不理"包子铺。

"我最爱吃包子了。"小眼镜要了两盘包子，大口吃了起来，"嘿，'狗不理'包子果然名不虚传。好吃！"

小眼镜正吃得起劲，这时一个戴墨镜的人凑了过来，他神秘兮兮地问小眼镜："喂，小同学，你想不想每次考试都得 100 分？"

小眼镜咬了一口包子："当然想了，谁不想得满分！"

这人一看有门儿，又问："你知道怎么才能得满分？"

"要想得满分，必须努力学习才行。"

"NO，NO，NO，用不着，你那是笨办法！""墨镜"从口袋里拿出一瓶药，"这药叫'保百丸'，吃一丸保证你考 100 分！"

"噢，有这么神？你叫什么名字？你自己吃过吗？"

“我叫魏植树，我天天吃，所以我特聪明。”

“特聪明？好，我来考你一道题，看你能不能得 100 分。”小眼镜恋恋不舍地放下包子，“有 100 名师生参加联欢会。学生都提早来了，然后老师也陆续入场，第一位老师和全体学生都握了手，其中一名学生陪这位老师就座。第二位老师入场，也和同学们握手，但是他只差一名学生没握手。”

魏植树抢着说：“这个我知道，那名没握手的学生去陪第一位老师了。”

小眼镜说：“对，看来你还真不傻！”

“什么话呀？”魏植树撇撇嘴，“我天天吃‘保百丸’，你说我能傻嘛！”

“不傻就接着听。”小眼镜说，“第三位来的老师只差 2 名学生没握手……最后来的老师和 55 名学生握了手。我问你，这 100 名师生中有多少位是老师？”

魏植树不假思索地说：“这还不容易？一共 100 名师生，除去 55 名学生，还剩下 45 名老师呗！”

小眼镜一晃脑袋：“不对！你天天吃‘保百丸’，怎么连这么一道简单的问题都答不对？我看你这‘保百丸’是白吃了，照样还是一个笨蛋！”

魏植树不服：“你说老师不是 45 名，那是多少？”

算出约会地点

小眼镜得意地说：“老师只有 23 位。”

“为什么只有 23 位？”

小眼镜解释：“第二位老师少和一名学生握手，是因为那名学生去陪第一位老师了。第三位老师少和 2 名学生握手，是因为有 2 名学生去陪前二位老师了。依此类推，最后一位老师和 55 名学生握手后，必然有一名学生陪同这位老师，还剩下 54 名学生。”

魏植树点点头：“你说得对。”

“剩下了 54 名学生，来的老师和陪他们的学生是多少哪？是 100－54＝46，这 46 人中必然有一半老师，一半学生。所以，老师有 23 位。”

“对，对。我可能是‘保百丸’吃多了，有点聪明过头，题目一简单，反而蒙住了。”他从口袋里掏出了一张纸条，“如果你要买‘保百丸’，可以按纸条上说的找我，价格优惠，我三折卖给你。”说完，魏植树把纸条递给小眼镜。

小眼镜看纸条写着：

> 明天下午 2 时，你从劝业场东门出发，沿和平路往北走，速度是每小时 2 千米。我比你晚半小时出发，以每小时 6 千米的速度追你。追上你后卖给你“保百丸”。

小眼镜想，必须教训一下这些卖假药的骗子，不然会有更多人上当。他找到附近的派出所，一位姓马的警察接待了小眼镜。

小眼镜汇报说：“有个叫魏植树的，在食品街卖‘保百丸’骗人！”

马警官一听很感兴趣：“最近经常有人反映，有骗子在这一带卖‘保百丸’，但这个骗子十分狡猾，我们一直抓不到他。”

小眼镜紧握拳头：“看来他不是魏植树，而是数学上的未知数！方程不解到最后是不知道未知数是多少的，这次一定要解开这个方程，看看这个魏植树是什么人，绝不能让这个坏蛋跑了！”

马警官看着魏植树留下的纸条：“魏植树行事非常谨慎，他不是在固定的地点和你接头，而是在行进中会面。我们几次蹲点抓他，都没有成功，这次我们埋伏在哪儿好呢？”

“我算一算就知道啦！”小眼镜胸有成竹，“我比魏植树早走半小时，而我的速度是每小时2千米，半小时可以走1千米。”

“对!”

“魏植树每小时比我多走4千米，他在我后面1千米追我，追上我所需的时间应该按公式：

$$距离差 \div 速度差 = 1 \div (6-2) = \frac{1}{4}\ (小时)$$

他用15分钟就可以追上我。”

马警官说：“魏植树将在2时45分，在劝业场以北1.5千米处与你会面。好，我们就埋伏在那儿等他!”

捉拿魏植树

按照约定小眼镜到了劝业场的东门，看了一下表：“现在正好是下午2时，我要用每小时2千米的速度沿和平路向北走。”

小眼镜走了45分钟就站住了：“现在已经是2时45分，到了约会的地点。”

这时有人突然从后面拍了一下他的肩：“喂，小同学，你还真准时!”

小眼镜吓了一跳，回头一看，正是魏植树。他手提一个大旅行袋，看来装了不少“保百丸”。

小眼镜明知故问：“‘保百丸’你带来了吗?”

魏植树举了举手中的大旅行袋：“我带来了一大袋‘保百丸’，你说你买多少吧?”

“嗯……”小眼镜想了想说，“我准备买这么多：有一个205位的数，每位数字都是3，用它除以9，余数是多少，我就买多少‘保百丸’。”

魏植树乐了：“嘿！小毛孩还想考我？你听着：一个数如果能够被9整除，那么这个数的各位数字之和也能被9除。”

小眼镜打断他的话：“慢着，我只说是除，可没说整除啊!”

“我知道，你别着急啊！这个 205 位数每位数字都是 3，各位数字之和就应该是 3×205=615，但是 615 不能被 9 整除呀！”魏植树说到这儿，停住了。

“怎么样，不会做了吧？”

“谁说的？可是 615−3=612，这个 612 能被 9 整除。所以余数应该是 3。”

小眼镜点点头：“你算对啦！看来你还不算笨！给我拿 3 粒‘保百丸’。”

“啊！”魏植树瞪大了眼睛，“我带来一大袋‘保百丸’，你才买 3 粒！”

“哈哈！”小眼镜笑了，“买 3 粒就不少啦！剩下的你留着慢慢吃吧！不过这 3 粒能不能买成，还是问题哪。”

魏植树警惕地问：“你什么意思？”

小眼镜朝魏植树的身后努了努嘴，说：“你回头看看就知道了。”

魏植树一看，两名警察不知道什么时候已站在他身后，一左一右把他夹在了中间。

马警官走过来说：“这位同学 1 粒‘保百丸’都不买。魏植树，你涉嫌卖假药，跟我们走一趟吧！”警察给魏植树戴上了手铐。

“哇！你们在这儿等着我哪！”魏植树用眼睛死死盯住小眼镜，“小子，你把我卖了！你等着，我和你没完！”

小眼镜用手指着魏植树的鼻子说：“你这个未知数终于被我们解出来了，你这个坏蛋也终于被抓住了！哈，坏蛋是抓一个少一个！不是你和我没完，而是警察局和你还没完哪！”说完小眼镜好像想起了什么事，着急向马警官告别。

马警官问：“小同学，你忙着去干什么呀？”

小眼镜头也不回地说：“‘狗不理’包子我还没吃够哪！我要赶紧再去吃一次，待会儿就没座了。”

风卷残云般吃了两盘包子，小眼镜抹了一下嘴："吃足了天津的'狗不理'包子，我是不是该去承德的避暑山庄了？说走就走！"

神算杨半仙

去避暑山庄前，小眼镜做了不少功课，他了解到，避暑山庄是清代皇帝夏日避暑和处理政务的地方，建园至今已经300多年了，避暑山庄融汇了江南水乡和北方草原的特色，是中国皇家园林的典范。

小眼镜先参观了宫殿区。正宫是宫殿区的主体建筑，包括九进院落，主殿叫"澹泊敬诚"，建筑所用的木料都是珍贵的楠木，各种隆重的大典都在这里举行。之后是皇帝的寝宫——"烟波致爽"殿。1860年，英法联军进攻北京，咸丰皇帝逃到避暑山庄避难，就居住在这里。

走到这里，小眼镜突然肚子咕咕乱叫，原来是饿了，于是他返回正门买点吃的。

只见门口围着一群人，还挺热闹。人群中间是一个算命的老头，旁边还立着一个牌子，上写"杨半仙"。

杨半仙不断地吆喝："算命，算命。是福是祸，前世定！"

一个老爷爷和一个老奶奶还在一旁帮腔。老奶奶说："杨半仙算命可灵啦！前天他说我要破财，昨天我家就被偷了！你说多灵！"

老爷爷说："上星期五杨半仙说我要倒霉，没过三天我家就被撬了。"

"算得这么准？是不是这个杨半仙和小偷是一伙的？我也来算算。"小眼镜分开人群，走上前去，"杨半仙，我也来算一卦。"

杨半仙正在捣鼓什么，头也没抬："你是算祸福呀，还是算财运？"

小眼镜说："我既不算祸福，也不算财运。我现在心里正想一个数，我把它写在纸上。你算算我想的是哪个数？"

"什么？让我算数？"杨半仙立刻抬起头来，扶了扶眼镜，眯起眼睛仔细观察站在面前的小孩。

小眼镜笑了笑问："怎么？不会算？"

杨半仙连连摆手："会算，会算。老子曰：道生一，一生二，二生三，三生万物。我们算卦之人，对数还是十分精通的。不过我要问一下，你心里想的这个数，有什么特点？"

"特点嘛——你可以随便想一个由相同数字组成的三位数，然后用这个数的 3 个数字之和去除这个三位数，其商就是我心里想的这个数。"

听到这儿，杨半仙突然站了起来，大声叫喊："这不可能！你别来骗我！我随便想？我想 000 成吗？"

小眼镜镇定地说："000 当然不成，因为 $0+0+0=0$，用 0 做除数是不容许的！"

杨半仙开始在纸上写相同数字组成的三位数："由相同数字组成的三位数可多了，像 111、222、333，一直到 999。难道用这些数的 3 个数字之和去除这些数，都能得你想的数？"

"对！一点没错！"小眼镜回答得十分肯定。

半仙砸锅喽

杨半仙在纸上乱画了半天，也没找出这个数。他突然"啪"地一拍桌子："我就不信有这么一个数，咱俩可以打赌！"

小眼镜问："怎么打赌法？"

"如果你找不出这个数，你给我 200 元钱！"

"好！如果真有这么一个数，我就把你'杨半仙'的招牌给砸啦！"

"行！你说这个数是多少吧？"

"是 37。"

"37？我来试试。别让小毛孩子给骗了。"杨半仙一边自言自语一边在纸上写，“我先找一个由相同数字组成的三位数111，3个数字之和是 $1+1+1=3$，做除法 $111\div3=37$。啊！还真对！我再试一个数：555，3个数字之和是 $5+5+5=15$，做除法 $555\div15=37$，哇！也对！”

试了两个数，杨半仙的脑袋上就开始冒汗了：“这——这是怎么回事？”

“咱们事前有约定，我现在把这块骗人的牌子砸了吧！”小眼镜举起写有“杨半仙”的招牌就要砸。

“慢！慢！”杨半仙连忙拦住，“凡事都有一个道理，你还没给我讲明白，为什么商都得37？”

“你好好听着！”小眼镜说，“任何一个由相同数字组成的三位数，都可以写成 AAA 的样子，其中 A 可以取1－9的任何一个数。明白不明白？”

杨半仙点头：“明白。”

“三位数 AAA 可以写成 $100A+10A+A$，而3个数字之和是 $A+A+A=3A$。做除法就是 $AAA\div(A+A+A)=(100A+10A+A)\div3A=111A\div3A=111\div3=37$。最后肯定都得37，你明白不明白？”

杨半仙眼冒金星：“我——我晕菜啦！”

趁杨半仙正在犯晕，小眼镜高高举起牌子，“啪”的一声往地上砸去：“我砸了你这块骗人的牌子！”

“砸得好！”围观的人群拍手叫好。

“小毛孩，你敢砸我的牌子，你等着！”杨半仙说着，连摊儿也不要了，愤然离去。

“噢——杨半仙不灵啦！杨半仙砸锅喽！”群众在一旁起哄。

刚才说话的老爷爷和老奶奶凑过来问小眼镜：“你说杨半仙是骗人的，他为什么给我们算得那么准哪？”

小眼镜想了想，问周围的群众：“今天杨半仙还给谁算命了？算完命，让没让留下地址?”

一个中年妇女站出来说：“今天他给我算命了，还让我留下了地址。杨半仙说我今天晚上破财。”

小眼镜一拍手：“好！咱们今晚就要戳穿他的鬼把戏!”

深夜捉贼

小眼镜来到附近的派出所，一位姓陈的警察正在值班。“据可靠消息，今晚小偷要到一位刘阿姨家去偷东西!”小眼镜把今天的情况详细地说了一遍。

陈警官很重视，和几个同事研究过后，他说：“我们今天晚上设好埋伏，一定要抓住这个骗子兼小偷!”

这时，杨半仙在家里正和一个名叫郭金的青年商量今晚如何去偷东西。

杨半仙恨恨地说：“今天‘杨半仙’的牌子被一个小孩子给砸了，今天晚上非狠狠偷他一回不可！这样吧，咱们连偷他七家!”

“好!”郭金两眼闪着贪婪的光，“这七家先偷谁，后偷谁?”

“我早就计划好啦!”说着杨半仙拿出一张图（见右图），压低了声音对郭金说：“这七家是这样分布的，咱们要这样……去偷。”

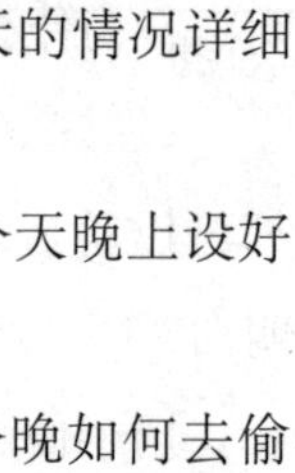

1

郭金如鸡啄米似的不停点头:“好，好，一切听你的。”

杨半仙布置说:“你拿着这张图先去探路，探好了路，给我打手机，我随后就到。”

“好嘞，那我先走了。”郭金转身出去了。

这天晚上，夜特别黑，郭金沿着墙根快步走着。路过一排行道树时，突然从树后跳出两名警察：“不许动！举起手来!”

郭金大吃一惊："不好，警察！"

一位姓谢的警官开始讯问郭金："你叫什么名字？"

"郭金。"

"做什么工作？"

"职业小偷。"

"老实交待，你和杨半仙要到哪儿去偷东西？"

"我交待，我交待。杨半仙要去偷这七家，偷的次序都画在这张图上。"说着郭金拿出了那张图。

谢警官拿着图看了半天，摇摇头："这图上有七个圆圈和连接它们的七条线段，最上面的圆圈中写了个 1，别的什么都没有啊！"

郭金双手一摊："杨半仙就是这样交待我的，别的什么也没说。"

谢警官一皱眉头："不会吧！关于这张图他一定还说了些什么。"

郭金倒是挺配合，他绞尽脑汁地回想，突然一拍脑袋："嗨！有一件事我忘了说了。杨半仙说，把从 1 到 14 这 14 个数，填在图中的圆圈和线段上，使得任一条线段上的数，都等于两端圆圈中数之和，然后按着圆圈中的数，以从小到大的顺序去偷。"

谢警官进一步追问："这 14 个数怎么填法？"

连偷七家

"这我哪里会呀！"郭金想了想说，"过去我听他说过，他的一切图、表都要靠算，我是文盲不会算。"

谢警官笑了笑："实际上你是不想把答案告诉我们，如果你不会填，杨半仙把图交给你有什么用？"

郭金发现自己的谎话被揭穿，低下头一言不发，两只眼睛却不闲着，用余光在瞄每一个人。

谢警官严肃地说："看来你是顽抗到底，不想交待了。"

郭金还是不说话。

小眼镜在一旁说："我来试试。"他接过图，仔细看了一会儿，"14个数不能一起考虑，可以先考虑数字比较小的，把2、3、4先填进圆圈中（图①）。"

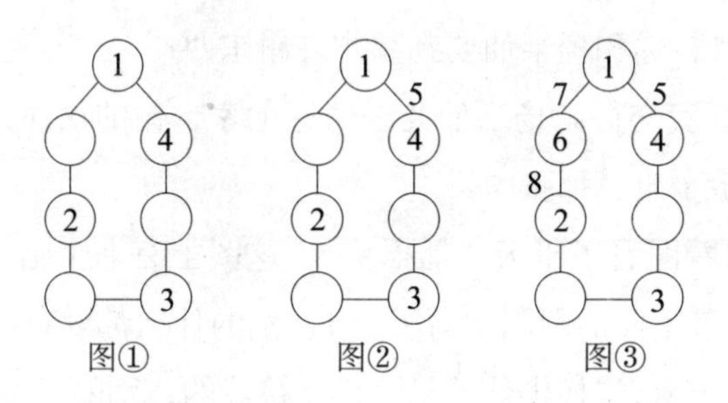

图①　　图②　　图③

"再把5、6、7、8填上（图②、图③）。"

"把9、11、12填上（图④）。"

"最后填上10、13、14（图⑤）。好啦！填完了。"小眼镜把填好的图递给谢警官。

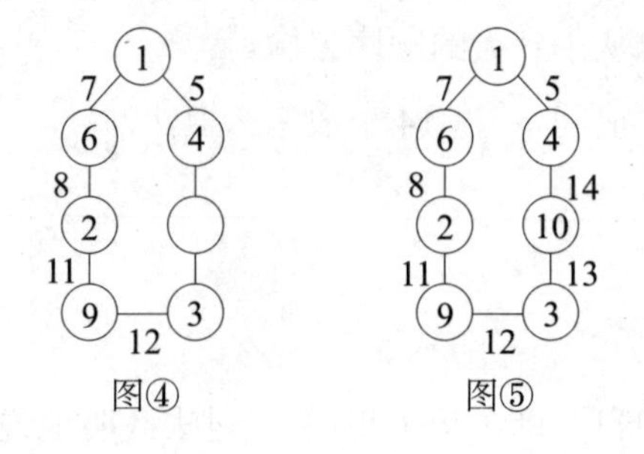

图④　　图⑤

顺序是1—2—3—4—6—9—10。

小眼镜握紧拳头："杨半仙是东偷一家，西偷一家，让你摸不着他的规律。真狡猾！"

谢警官问郭金："你探好了路，怎样和他联系？"

郭金看事已败露，只好老老实实地回答："我打他手机。"

谢警官把郭金的手机还给他："你告诉杨半仙，让他到第一家集合。"

郭金打手机："喂，喂，是老爷子吗？你——你到图上标的第一家来集——集合。"

小眼镜听郭金叫杨半仙"老爷子"，觉得十分好笑。

而杨半仙却拿着手机直发愣，心想，咦？这小子平时说话流畅极了，怎么今天说话结巴啦？不对，他可能出事了！

想到这儿，杨半仙立刻拨通了郭金的手机："喂，刚才我打了两个喷嚏，我算了一卦，今天不宜下手，你回来吧！"

"回来？不偷啦？"

"对，今天不偷了，你马上回来！"

郭金问："老爷子，我到哪儿找你呀？"

杨半仙说："我给你发短信。"

不一会儿，手机的短信铃声响了。"来了，来了，你看。"郭金忙把手机递给谢警官。

捉拿杨半仙

短信是这样的：

> 我在弯弯绕胡同，门牌是一个三位数。中间的数字是0，其余两个数字之和是9。如果百位数字加3，个位数字减3，得到的新数，等于原来数中的百位数字和个位数字互换后所得的数。

郭金捂着脑袋："我的妈呀！杨半仙发来的是绕口令啊！这门牌号怎么算？"

"我再来试试。"小眼镜思索着，"设门牌号这个三位数的个位数字

为 x，则百位数字为 $9-x$。这时门牌号和所得新数分别是：

$$100\times(9-x)+10\times0+x,$$

$$100\times(9-x+3)+10\times0+(x-3)。$$

根据‘得到的新数，等于原来数中的百位数字和个位数字互换后所得的数。’可以列出方程

$$100\times(9-x+3)+10\times0+(x-3)$$

$$=100\times x+10\times0+(9-x)。$$

解得 $x=6$，$9-x=3$。门牌号是 306 号。”

谢警官说：“走，抓杨半仙去！”

大家上了车，悄悄地向弯弯绕胡同驶去。

在胡同口，大家下了车。几名警察拿着手枪在隐蔽处埋伏好，谢警官走过去叫门：“开门！开门！”

过了一会儿，有人回应：“谁啊，深更半夜的砸门？”

开门的不是杨半仙，却是一个挺着大肚皮的外国胖老头。

谢警官先敬礼，问：“请问，杨半仙住在这儿吗？”

外国胖老头连连摇头：“NO，NO，这里没有神仙，我只相信上帝。”

胖老头的回答让小眼镜起了疑心：“你的声音我听着耳熟，你应该就是杨半仙！”

胖老头狡辩说：“你这个小孩不能乱说话，我是约翰哪！”

小眼镜趁胖老头不备，偷偷在口袋里找了个回形针抻直，照着老头的大肚子扎了过去：“你杨半仙还敢冒充约翰！我来给你放放气！”

只听“哧”的一声，装在胖老头衣服里的气球泄气了。

“完了，露馅了！”杨半仙摘下假头套，撒腿就跑。

“不要跑！站住！”谢警官和小眼镜紧追其后，可杨半仙对地形熟，三转两转，就跑进了一家时装店。这么晚了，时装店怎么还开着门？谢警官和小眼镜走进去一看，原来店里正在盘点。

模特活了

谢警官向一位女售货员询问："你看到一个老头跑进来吗?"

女售货员摇摇头："刚才一直在忙，我没注意。"

小眼镜把商店里的假人模特看了一遍，突然灵机一动："你能告诉我，你这儿摆着多少假人模特吗?"

女售货员低头想了想："嗯……具体的数目我也记不清了。我只记得前天我曾想把其中的15个女模特换成男的，我一算，换了以后男女模特的数目就相等了，但我觉得女模特太少，就没换。昨天我又想把10个男模特换成女的，我又一算，换了以后女模特是男模特的3倍，女模特又太多了，我也没换。"

谢警官哭笑不得："嗨，等于没说!"

"有这两组数字就足够了。"小眼镜说，"首先我们可以肯定，女模特比男模特多30个。不然的话，不可能把15个女模特换成男的以后数目就相等了。"

"对，对。"女售货员点头同意。

小眼镜接着说："把10个男模特换成女的以后，女的就比男的多50个了，而这时女模特是男模特的3倍，这50个恰好是交换之后男模特数的2倍，所以剩下的男模特有25个。"

谢警官接着说："现在的男模特应该是25+10=35（个）。女模特是35+30=65（个）。"

"我来数数模特的数量。"小眼镜开始数，"先数男模特，1、2、3…35，好！一个不多，一个不少。"

小眼镜接下去数女模特："1、2、3……65、66。啊，应该有65个女模特，这里怎么有66个，多出一个!"

"多出一个?"这时谢警官正看着一个女模特发愣。

小眼镜好奇地问：“你怎么总看这个女模特？是不是她长得特别漂亮？”

“不，她长得实在太丑了！”

小眼镜认真看了看，摇摇头：“是太丑了！像个老头。”

突然小眼镜发现，这个女模特的腿开始哆嗦：“看哪！女模特活了。”

“杨半仙，你装成女模特，也跑不了！”谢警官伸手把装作女模特的杨半仙揪了出来。

谢警官掏出拘留证：“你被拘留了！”

“唉！完了，神仙当不了啦！”谢警官给杨半仙戴上了手铐。

这个暑假，小眼镜过得非常充实，不仅游览了祖国的风景名胜，还当了一回出色的小侦探！这不，他又在心里计划起了下一次旅行……